KB234895

이탈리아 여행
스크랩북

이탈리아 여행 스크랩북

초판 1쇄 발행 | 2016년 6월 10일
초판 2쇄 발행 | 2016년 6월 14일

지은이 | 김성윤
펴낸이 | 박영욱
펴낸곳 | 깊은나무

편 집 | 권희중 · 이소담
마케팅 | 최석진 · 임동건
표지 및 본문 디자인 | 서정희 · 심재원
세무자문 | 세무법인 한울 대표 세무사 정석길(02-6220-6100)

주 소 | 서울시 마포구 서교동 468-2
이메일 | bookrose@naver.com
페이스북 | facebook.com/bookocean21
블로그 | blog.naver.com/bookocean
전 화 | 편집문의: 02-325-9172　　　영업문의: 02-322-6709
팩 스 | 02-3143-3964

출판신고번호 | 제313-2007-000197호

ISBN 978-89-98822-22-4 (13980)

이 도서의 국립중앙도서관 출판예정도서목록(CIP)은 서지정보유통지원시스템
홈페이지(http://seoji.nl.go.kr)와 국가자료공동목록시스템
(http://www.nl.go.kr/kolisnet)에서 이용하실 수 있습니다.
(CIP제어번호: CIP2016011615)

이탈리아 여행 스크랩북

김성윤 지음

깊은나무

Prologue

'진짜 이탈리아'를 여행하며
먹고, 마시고, 쇼핑하는 법

이탈리아에 직접 살면서 나는 두 가지 사실을 알고 놀랐었다. 하나는 우리가 '진짜 이탈리아'의 모습을 알지 못한다는 것이었고, 다른 하나는 이탈리아는 한 나라로 보기 어려울 만큼 각 지역·도시별 개성이 매우 강하다는 점이었다.

먼저 '진짜 이탈리아'를 얼마나 몰랐나부터 말하자면, 우리가 머릿속으로 떠올리는 이탈리아의 모습은 '태양이 밝게 빛나며 정열적인 지중해의 땅'이다. 하지만 이것은 사실이 아니다. 적어도 내가 살았던 북부 이탈리아에는 적용되지 않는다.

나는 이탈리아 북부에 있는 파르마(Parma)에 살았다. 파르미자노 레자노(Parmiggiano Reggiano) 치즈(한국에서는 파마산Parmesan 치즈라고 부른다.)와 프로슈토(Prosciutto) 햄으로 유명한 아름다운 도시다. 밀라노(Milano)에서 차로 한 시간쯤 거리다. 이곳 파르마에서 나는 일 년간 미식학대학(University of Gastronomic Sciences) '음식 문화와 커뮤니케이션' 대학원 석사과정을 졸업

했다. 미식학대학은 이탈리아에 본부를 둔 세계 슬로푸드(Slow Food) 협회에서 설립한 대학으로 요리사나 영양학자가 아닌, 음식에 대한 인문학적 소양을 갖춘 인재를 양성하고 있다.

파르마는 태양이 밝게 빛나기는커녕 음습하고 추운 날씨였다. 3월 초에 내린 폭설로 대학원 개강이 이틀이나 연기됐을 정도다. 2월 말 파르마에 도착해 내가 처음 산 물건은 두툼한 코트였다. 사실 한국에서 짐을 꾸릴 때 어머니께서 "이탈리아는 따뜻한 날씨인데 왜 코트를 무겁게 가져가니? 그냥 두고 가"라고 말씀하셨고, 나 역시 그렇게 여기고 가볍고 얇은 옷들만 챙겼다. 파르마에 도착해 일주일은 너무 추운 날씨에 '잠깐 이상기후일 거야'라는 착각으로 오들오들 떨면서 지냈다. 하지만 추위가 좀체 가시질 않아 도저히 버틸 수 없었고, 급기야 시내 한 옷집에서 코트를 사 입었다. 5월까지도 꽤 쌀쌀한 날씨였으니 그때 코트를 산 것은 천만다행이었다.

또 한 가지! 이탈리아는 각 지역·도시마다 특색이 무척 다르다. 파르마에서 자동차로 30분 거리에 모데나(Modena)가 있다. 고급 스포츠카 페라리(Ferrari)의 고향이자 이탈리아 전통 식초인 발사믹 식초(aceto balsamico)로 유명한 도시이다. 파르마와 모데나는 한국으로 치자면 서울과 수원 정도의 거리의 이웃 도시인데 먹는 음식이 획연히 달랐다. 더 정확히는 파르마에서만 먹는 파스타

가 있고, 모데나에서만 먹는 파스타가 있다. 이웃 도시가 이 정도니 밀라노, 파르마, 모데나가 있는 북부 지역과 로마가 있는 중부 지역, 또 나폴리를 중심으로 하는 남부 지역의 음식이 얼마나 다른지는 두말하면 잔소리다.

우리는 대개 이탈리아의 대표 음식으로 피자(Pizza)를 떠올린다. 재미있는 사실은 내가 세들어 살았던 집의 주인 라우라(Laura) 여사는 "지금까지 살면서 한 번도 피자를 먹어본 적이 없다"고 말했다. 라우라 여사뿐 아니라 파르마에 사는 나이 지긋한 어르신들 중에는 피자를 먹어보지 않은 분들이 꽤 많았다.

미식학대학에서 '이탈리아 음식의 역사'를 배우면서 알게 된 것은 피자는 이탈리아의 남부, 그중에서도 주로 나폴리에서 먹던 음식이었다. 로마가 있는 이탈리아 중부 이북 지역에서는 20세기까지도 피자를 찾아보기 어려웠다. 물론 지금은 이탈리아 전역에서 피자를 먹을 수 있고, 젊은이들의 간식이나 야식 정도로 여겨진다.

이 책은 내가 이탈리아에 머무는 동안 먹고, 마시고, 쇼핑하고, 여행하면서 알게 된 이탈리아의 진짜 모습을 보여주고 싶은 마음에 썼다. 책에 등장하는 로마, 나폴리, 베네치아, 밀라노, 피렌체 다섯 도시는 이탈리아를 대표하는 동시에 한국인이 주로 방문하는 도시다. 이 도시들의 '속살'을 고스란히 보고 체험하도록 하고 싶었다. '뜨내기 관광객'이 찾는 곳이 아닌, '진짜 현지인'이 즐

겨 먹는 음식과 그 음식을 파는 식당, 즐겨 쇼핑하는 옷가게, 즐겨 여가를 보내는 방식과 장소를 소개하고 싶었다.

직업이 음식 전문기자다보니 아무래도 이탈리아의 정통, '진짜 음식'에 많은 분량이 할애됐다. 또한, 대학에서 '미술사(美術史)'를 전공해서인지 이탈리아의 역사와 관련된 유적이나 건축물, 미술관, 박물관에 관한 이야기가 많이 담겼다. 어쨌든지 한국에서 가족이나 친구 등 지인들이 이탈리아에 왔을 때 함께 다니면서 먹이고, 보여주고, 설명하면서 '진짜 이탈리아'를 소개하고 싶었던 내용들이다.

이탈리아에 살면서 생활한다는 것은 다시 오기 힘든 기회였다. 그래서 나는 시간이 날 때마다 이탈리아의 곳곳을 열심히 여행했다. 일 년 동안 대략 30여 개의 도시를 방문했는데 도시들은 모두 저마다의 독특한 개성과 매력이 가득했다. 이 책에 이탈리아의 크고 작은 도시들에서 내가 찾아낸 맛난 음식과 멋진 볼거리를 모두 공유하지 못한 아쉬움이 남아있다. 하지만 다시 소개할 기회가 곧 오리라 믿는다.

2016년 5월

김성윤

차례

1

로마

Rome

Roma Termini
Uscita/Exit via G.Gio
McDonald's
FUTURO 90

열차를 타고 로마역에 도착했을 때, 테르미니Termini란 단어의 의미가 새삼스럽게 다가왔다. 테르미니는 종착역이란 뜻이다. 이탈리아 도시마다 기차역이 있다. 하지만 모두 기차가 잠시 멈춰 섰다가 떠나가는 스타지오네Stazione 즉 정거장일 뿐이다. 종착역은 오직 로마이다. 모든 서양의 역사와 문화가 출발했다가 결국 돌아올 수밖에 없는 곳, 그곳이 로마이다.

COMPRO

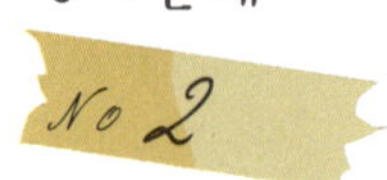

로마는 여행자들에게 익숙하다. 가톨릭교회가 속죄를 위해 성지 순례를 권했는데, 이슬람에 점령당한 예루살렘 대신 로마로 순례성지가 됐기 때문이다. 엘레나 코스튜코비치가 쓴 책인 《왜 이탈리아 사람들은 음식 이야기를 좋아할까?》에는 이렇게 나와 있다.

"1240년 교황 그레고리오 9세는 로마에 있는 산피에트로 성당과 산파올로 성당에서 정해진 횟수만큼 기도한 이들에게 면죄부를 주겠다고 발표했다. 얼마 지나지 않아 신자들에게는 로마가 '새로운 예루살렘'으로 바뀌었다. 예루살렘과 콘스탄티노플에서 보관되었던 성유물聖遺物들이 로마로 옮겨졌고, 당시 기독교인들은 평생 한 번은 로마에 가야 한다고 생각하게 되었다. 현재 로마의 모습은 마지막 천 년의 세월 동안 순례자와 여행자들 속에서, 또는 일을 위해 로마에 머물렀던 사람들 사이에서 형성되었다. 18세기 로마에서는 여관 200개, 호스텔 200개가 등록되었고, 원기를 회복시키는 커피를 마실 수 있는 장소가 100개 이상 있었다."

페투치네 알프레도 Fettucine Alfredo

'알프레도'가 그냥 크림소스 파스타의 대명사로 통할 정도로 유명한 파스타이다. 아이러니는 오리지널 페투치네 알프레도에는 크림이 한 방울도 들어가지 않는다는 거다. 또 미국이나 그밖에 다른 외국에선 널리 알려졌지만, 정작 이탈리아나 로마 사람들은 잘 모른다는 거다. '페투치네 알 부로fettucine al burro'라고 해야 약간 알아듣는다.

알 덴테로 삶은 페투치네에 버터를 넣는다. 버터가 녹으면서 면을 얇은 기름막으로 감싼다. 그릇에 담고 다시 버터를 넣고 파르미자노 치즈를 가루 내 뿌리고 고루 섞는다. 치즈와 버터가 녹으면서 생겨난 매끄럽고 진한 소스가 페투치네를 진하고 고소하게 감싼다.

알프레도라는 이름이 붙게 된 건 1914년이다. 리스토란테 알프레도Ristorante Alfredo 주인이었던 알프레도 디 렐리오Alfredo di Lelio가 두 번째 넣는 버터의 양을 2배로 늘려 더 진하고 고소하게 레시피를 살짝 바꾸고는 자신의 이름을 붙였다.

할리우드 스타 매리 픽포드Mary Pickford와 더글러스 페어뱅크Douglas Fairbank가 로마로 신혼여행을 왔다가 이 식당에 들러 이 파스타를 맛봤다. 진하고 느끼한 맛이 이 미국인 커플의 입에 꼭 맞았던 모양이다. 로마에서 돌아온 픽포드-페어뱅크 부부는 주변 지인들에게 "페투치니(페투치네의 미국식 발음) 알프레도"를 극찬했고, 직접 만들어 대접하기도 했다.

페투치네 알프레도는 곧 미국에서 가장 유명한 파스타가 됐고, 미국 내 모든 이탈리아 식당 메뉴판에 올라갔다. 그리고 미국에서 일본, 한국, 독일 등 다른 나라로 퍼져나갔다. 알프레도가 이탈리아에선 모르지만, 해외에선 대표적 파스타가 된 이유다.

리스토란테 알프레도는 지금도 스크로파 거리Via della Scrofa에 있지만, 외국 관광객들이 주로 찾을 뿐 현지인들은 찾지 않는다. 원 주인 알프레도 디 렐레이는 1943년 식당을 팔고 1950년 아우구스토 임페라토레 광장Piazza Augusto Imperatore에 일 베로 알프레도Il Vero Alfredo를 열었다. 식당 이름이 '진짜 알프레도'란 뜻이다. 장사 잘 되면 남한테 팔고 옆에 다시 식당 내는 건 한국이나 이탈리아나 비슷한가 보다. 이곳은 알프레도의 후손들이 운영하고 있다.

리스토란테 라 캄파나 Ristorante La Campana

No 4

　나보나 광장과 판테온에서 멀지 않은 이 식당은 로마에서 가장 오래된 식당이다. 1518년에 개업했다고 하고 식당에 대한 1526년 기록이 있다고 한다. 카라바조와 괴테도 여기서 식사했다는 믿기 어려운 주장을 식당 측에서 하는데, 거짓말 같지는 않다. 안초비와 페코리노 치즈로 버무린 페투치네, 소꼬리 요리, 카르초피 알라 주데아, 양고기 그릴 등 전통 로마음식을 아주 잘한다. 3코스로 먹으면 1인당 30유로쯤 나온다. 로마에서 흔치 않게 일요일 저녁에도 여는 식당이다. 월요일에는 쉰다.

| Vicolo della Campana 18, 06 687 5273, www.ristorantelacampana.com

유럽의 유명 인사들도
이곳에서 식사를 했다.

로마의 전통 음식인 안'초비와 페코리노 치즈로
버무린 페투치네, 소꼬리 요리, 카르초피 알라
주데아, 양고기 그릴 등이 일품이다.

로마 관광의 시작과 끝이다. 로마 주재 스페인대사관이 있었기 때문에 붙여진 이름이란 건 너무나 잘 알려졌다. 스페인 계단은 '트리니타 데이 몬티 계단 *Scalinata della Trinita dei Monti*'이라고 불린다. 트리니타 데이 몬테 교회가 계단 꼭대기에 있기 때문이다. 계단 아래 물에 가라앉는 배 모양의 분수 바르카차 *Barcaccia*는 유명한 조각가 지안 로렌조 베르니니 *Gian Lorenzo Bernini*의 아버지인 피에트로 베르니니가 만들었다고 알려진다. 그 뒤로 로마에서 제일 번화한 명품 쇼핑거리인 비아 데이 콘도티 *Via dei Condotti*가 뻗어있다.

17세기에 이 광장에 본부를 둔 교황청 스페인
대사 때문에 스페인 광장이라 불린다.

카페 그레코 Caffe Greco

　로마에서 가장 오래된 카페. 역사가 300년 가까이 된다. 커피도 비싸서 한 잔에 4유로나 한다. 이탈리아 평균 커피 한 잔 값이 1유로니까 엄청나게 비싼 것이다. 그래서 로마 사람들은 거의 가지 않고, 관광객들이 주로 온다. 그래도 한국과 비교하면 비싸지 않은 편이니, 스페인광장 주변에서 쇼핑하다 잠시 다리를 쉬는 것도 괜찮을 듯하다. 고풍스럽고 고급스러운 인테리어와 테이블, 커피잔과 스푼에서 역사와 전통이 배어 나온다. 스탕달, 바그너, 키츠, 바이런, 디킨스, 멘델슨 등 유럽의 내로라하는 문화 인사들이 최소한 한번은 여기서 커피를 마셨다. 카페 그레코에 온 추기경은 교황이 된다는 전설도 있다. 훗날 실제로 교황 레오 13세가 된 페키Pecci 추기경이 이곳을 자주 왔다고 한다.

❙ Via Condotti 86, 06 678 2554

콘도띠 거리에 위치한 명품 카페인 카페 그레코

비아 마르구타Via Margutta
No 7

그림처럼 예쁜 길이다. 영화의 한 장면처럼 멋진 길이라고 해야 더 정확할지 모르겠다. 오드리 헵번과 그레고리펙이 출연한 '로마의 휴일'을 비롯해 많은 영화를 찍은 로케이션이다. 광장과 포폴로 광장을 잇는 비아 델 바비노Via del Babuino 뒤 골목길이다. 페데리코 펠리니 감독과 줄리에타 마시나 등 수많은 이탈리아 영화 스타들이 이 길에 살기도 했다. 스페인 식 멋진 가게와 식당이 구석구석 박혀 있다. 식당으론 오스테리아 마르구타Osteria Margutta가, 가게 중에선 독특하고 멋진 디자인의 가죽제품을 만들어 파는 새들러스 유니언Saddlers Union이 기억에 남는다.

비아 마르쿠타에 있는 스페인 식 가게와 식당들

라치오 주州정부가 라치오에서 생산되는 와인을 더 널리 알리기 위해 만든 와인바 겸 레스토랑이다. 라치오 와인을 다양하게 맛볼 수 있고, 전통 라치오 음식에 현대적 터치를 더한 음식을 먹을 수 있다. 모던한 인테리어도 나쁘지 않다. 스페인 광장 근처에 있다.

| Via Frattina 94, 06 69202132

타차 도로 La Casa del Caffe-Tazza D'Oro

커피 원두를 직접 수입해 볶아서 커피로 뽑는다. 원두만 팔기도 한다. 일리 Illy 등 이탈리아 북부보다는 나폴리 지역에 더 가까운, 진하고 강하게 로스팅한 커피의 정점을 맛볼 수 있다. 에스프레소 가격은 다른 일반적인 카페와 같다. 이탈리아에서는 커피건 물이건 콜라건 얼음을 잘 넣지 않는다. 여름에는 커피 얼음을 갈아 만드는 그라니타 티 카페 Granite di Caffe를 추천한다. 판테온 맞은편에 모퉁이에 있다. 일요일은 쉰다.

| Via dei Orfani 84

진하고 강하게 로스팅한 커피

caffè
TAZZA
D'ORO
EL MEJOR DEL MUNDO
TORRE
CAFFE'
TAZZA D'O
EL MEJOR DEL MUI

이탈리아 카페에서 커피 주문하는 법

처음 이탈리아에 와서 가장 당혹스러웠던 것을 꼽으라면 커피 주문하기였다. 고급 카페를 제외하곤 카페 안에 있는 바bar에 서서 커피를 주문하고 마신다. 줄이란 없다. 손님들이 아프리카 사바나 물웅덩이에 모여든 얼룩말과 가젤, 누, 물소처럼 바 주변에 몰려 있어 끼어들기조차 힘들다.

어렵게 바리스타에게 말을 걸라치면 이탈리아 손님이 재빠르게 새치기해 커피를 주문했고, 한참을 버벅거린 다음에야 겨우 커피를 얻어 마실 수 있었다. 하지만 매일 카페에서 아침식사를 하면서 몇 달 지내다 보니 혼돈 속에서 질서가 보였다.

내가 터득한, 이탈리아 카페에서 커피 주문하는 시스템은 이렇다. 일단 바에 바짝 다가선다. 그리고는 바리스타의 눈을 뚫어지게 쳐다본다. 보지 않는 것 같지만 바리스타는 어떤 손님이 언제 왔는지 순서대로 꿰고 있다. 이 순서에 맞춰 하나씩 손님에게 "무엇을 마시겠느냐"고 묻는다. 그러니 바리스타를 쳐다보고 있다가, 그가 당신과 눈을 마주치면 그때 원하는 커피를 주문하면

된다. 외국인들은 이 커피 주문 체계랄까 카페의 리듬이랄까를 체득하지 못했다. 처음에는 언제 치고 들어갈 지 몰라 헤매다가, 막상 차례가 되면 제때 주문 못한다. 이걸 이탈리아 손님이나 바리스타는 갑갑해한다. 그래서 외국인이 우물쭈물 거릴 때 치고 들어가는 것이다.

판테온 Pantheon

고대 로마 시대 지은 건물 중 가장 잘 보존됐다. 로마 시대에 일어난 이른바 '로마 건축 혁명Roman architectural revolution' 덕분이다. 또 다른 의미로 이전보다 훨씬 거대한 건축물을 가능하게 한 혁명적 기술들을 말한다. 이중 콘크리트Concrete가 판테온 건축을 가능하게 한 핵심적 건축술이다. 석회와 화산재, 자갈 등을 섞어 거푸집에 부어 굳히는 콘크리트는 단단하면서도 가볍다. 덕분에 떠받드는 기둥 하나 없이도 그 웅장한 돔Dome이 2,000년 넘게 무너지지 않을 수 있었다.

판테온은 '모든Pan 신Theos을 위한 신전'이란 그리스 어원을 가졌다. 서기 120년 하드리아누스 황제가 마르쿠스 아그리파가 세운 신전 위에 지었다. 그러다가 608년 유일신을 섬기는 교회로 바뀌었다. 또 이탈리아를 통일한 초대 국왕 비토리오 에마누엘레Vittorio Emanuele 1세와 2대 국왕인 움베르토 1세가 묻힌 무덤이기도 하다. 르네상스 천재 화가 라파엘로도 여기 묻혀있다.

모든 신들을 위한 신전, 판테온

사제복 전문점

　로마는 성직자의 도시다. 교황을 비롯해 세계에서 가장 많은 가톨릭 성직자가 사는 도시가 로마일 것이다. '하늘나라'의 일을 하는 사제들도 이 땅의 모든 다른 이들과 마찬가지로 옷을 입어야 한다. 맞춤 또는 프레타포르테pret-a-porter 사제복을 전문으로 하는 가게들이 판테온 지역에 있다. 성직자가 아니라도 들어가 둘러보는 건 물론 마음에 드는 옷이나 장신구, 성물聖物을 구매할 수 있다. 게치Ghezzi(Via dei Cestari 32-33)는 맞춤 사제복과 함께 각종 성물을 파는데, 네온등으로 된 후광이 달린 성인상이 눈에 띄었다. 게치 옆 데 리티스De Ritis(Via dei Cestari 48)에서는 사제복을 장식하는 레이스를 미터 단위로 끊어 팔았다. 바르비코니Barbiconi(Via Santa Caterina da Siena 58-60)은 사제들이 평상시 입는 전통적인 셔츠를 보다 현대적인 컷으로 재단한다고 알려졌다.

감마렐리 Gammarelli

로마의 사제복 전문점 중에서 가장 유명하다. '교황의 옷집'이기 때문이다. 20세기 선출된 모든 교황은 여기서 옷을 맞춰 입었다. 1798년 문 열었으니 창업 200년을 훌쩍 넘겼다. 정식 이름은 디타 안니발레 감마렐리Ditta Annibale Gammarelli. '디타'는 회사라는 뜻이다. 창업자 조반니 안토니오 감마렐리의 손자이며 지금의 자리로 가게를 확장하며 이전한 안니발레 감마렐리를 그의 아들들이 회사 이름으로 등록했다. 현재 대표 역시 이름이 안니발레이다. 이탈리아에선 손자가 할아버지의 이름을 갖는 일이 흔하다.

❘ Via Santa Chiara 34, 06 688 0131, www.gammarelli.com

감마렐리는 최근 새 교황을 앞두고 해외 언론에 자주 소개됐다. 콘클라베Conclave에서 선출된 교황이 교황으로서 처음 입는 옷을 감마렐리에서 만들기 때문이다. 새 고객을 위해 옷을 만들기란 어떤 재단사에게도 쉽지 않은 일이다. 하지만 새 교황을 위한 옷은 특히 어렵다.

콘클라베는 '열쇠를 들고'with(con) key(clave)란 의미다. 추기경들이 방에 들어가 잠근 문이 새 교황이 선출될 때까지 열리지 않기 때문이다. 교황 후보 추기경들 역시 이 방 안에 있다. 교황이 입을 성직복 제작을 의뢰 받은 감마렐리에서는 누가 교황이 될 지, 그의 신체 치수가 어떻게 되는지 측정할 방법이 전혀 없는 것이다. 그래서 감마렐리에서는 성직복을 스몰, 미디엄, 라지 세 사이즈로 준비한다.

이번 선출된 신임 교황이 입을 성직복 준비는 더 힘들었다. 새 교황이 입을 옷은 만드는 데 꼬박 3일하고도 반나절이 걸린다. 아이보리색 새틴과 비단을 재단하고 30개 단춧구멍과 200개 단추는 하나하나 손바느질로 만든다. 그런데 전임 교황이 선종하면 신임 교황이 선출한 지난 수백 년간의 전례와 달리, 이번에는 베네딕토 16세가 자발적으로 사임했기 때문에 9일간의 애도기간도 없었다. 그래도 새 교황 프란치스코 1세가 성 베드로 광장에 모인 신도들 앞에 섰을 때 그가 입은 성직복이 딱 맞았던 걸 보면, 감마렐리 재단사들의 오랜 역사를 통해 쌓인 노하우가 대단하다.

감마렐리에 들어가봤다. 내가 사서 이용할만한 기능과 가격대의 아이템은 양말 정도였다. 주교용 보라색과 추기경용 빨간색, 일반 사제용 검은색이 있었다. 교황이 신는 흰 양말은 없었다. 소재는 코튼과 울 두 가지였다. 알고 보니 이 양말들은 유럽 멋쟁이 남성들 사이에서 품질이 좋기로 꽤 이름난 모양이었다. 몇몇 프랑스 총리들도 신는 것으로 알려졌다. 코튼 소재 보라색과 빨간색 양말을 한 켤레씩 샀다. 색감이 화려하고 산뜻한 게 한눈에 봐도 날염이 잘 됐

다. 발목이 무릎 아래까지 올라온다. 장딴지가 굵어서 양말이 종종 흘러내리는데, 이건 그럴 일이 없겠다. 얇은 편으로 겨울에 신기엔 좀 춥다. 빨아보니 약간 줄어들지만, 신으면 원래 크기로 완벽하게 돌아온다. 손바느질로 발가락을 감싸는 부위와 나머지를 연결해서인지 신고 섰을 때 발이 눌리지 않고 편하다. 이런 양말만 신는 교황이 살짝 부러웠다.

성 베드로 광장 Piazza San Pietro 과 성 베드로 성당 Basilica di San Pietro

No 14

17세기 기독교인들이 모이는 장소로 설계됐다. 지금은 기독교인뿐 아니라 전 세계 모든 인종과 직업과 종교를 가진 이들이 모이는 장소가 됐다. 하늘에서 내려다 보면 커다란 열쇠 구멍 모양이다. 내게는 천국의 문을 지키고 있는 사도 베드로를 상징하는 것처럼 보였다. 좌우로 긴 달걀형 광장을 2개의 반원형 열주列柱,colonnade가 감싸 안았다. 열주는 각각 4줄의 도리아식 기둥으로 이뤄졌다. 기둥들이 완벽하게 줄지어 선 모습을 볼 수 있는 지점이 광장 한복판에 2개 있다. 이집트에서 실어온 오벨리스크 양옆에 이 두 지점이 원형 철판으로 표시돼 있다.

　바티칸의 성 베드로 성당은 이유는 각각 다를 지라도 이탈리아에 오는 모든 여행객이 찾는 곳이다. 내가 찾은 이유는 미술사적 관심이었다. 곰브리치가 '서양미술사'에 설명한 성 베드로 성당을 내 눈으로 보고 싶었다. 곰브리치의 글을 인용해본다.

　"르네상스 건축가가 진정으로 열망했던 것은 건물의 쓰임새와 상관없이 비례의 아름다움과 내부의 공간성, 그 조화 자체가 만들어내는 장대함만을 위해 건물을 설계하는 것이었다. 브라만테는 일천 년 동안 내려온 서유럽의 전통을 무시하기로 결심했다. 서유럽 전통에 따르면 이러한 종류의 교회는 미사가 집전되는 제단이 동쪽으로 향해 있는 장방형의 홀이 되어야 했다. 그 건물에만 어울릴 수 있는 그리스 고전기의 균형과 조화를 추구하면서 그는 거대한 십자형 홀을 중심으로 둘레에 대칭적으로 예배당을 배치한 정방형의 성당을 설계했다. 그러나 고대인들의 예술을 흠모하며 전대미문의 작품을 만들어내겠다는 야심이 편의주의와 유구한 전통을 압도했던 기간은 매우 짧았다. 브라만테의 성 베드로 대성당의 건축 계획은 실행되지 못할 운명이었던 것이다. 이 거대한 건물이 돈을 너무 많이 삼켰기 때문에 충분한 기금을 모으려 애쓰다가 교황은 종교 개혁을 유발할 위험을 자초하고 말았다. 독일의 루터로 하여금 최초의 공개 항의를 하게 만든 것은 바로 새로운 성 베드로 대성당 건축을 위한 기부금을 받고 면죄부를 판매한 행위였다. 우리가 오늘날 알고 있는 바와 같이 성 베드로 대성당은 그 거대한 규모를 제외하고는 원래의 계획과 일치되는 것이 거의 없다."

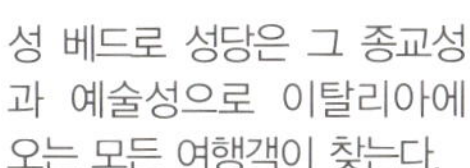

성 베드로 성당은 그 종교성
과 예술성으로 이탈리아에
오는 모든 여행객이 찾는다.

관광객들이 바티칸 박물관Musei Vaticani을 찾는 이유는 이 예배당, 더 정확하게는 이곳 천장에 미켈란젤로가 그린 '천지 창조'를 보기 위해서일 것이다. 곰브리치는 이렇게 그 벽화를 표현했다.

"이 예배당의 벽면은 전 세대의 가장 유명한 화가들, 예를 들어 보티첼리, 기를란다이오와 같은 거장들의 솜씨로 장식되어 있었다. 그러나 궁륭穹窿형 천장은 아직 아무 그림이 없었다. 교황은 미켈란젤로에게 그 천장에 그림을 그려 넣어야겠다고 제안했다. 그러나 미켈란젤로는 이 주문을 맡지 않으려고 그가 할 수 있는 모든 수단을 동원했다.

교황이 완강하게 버티자 그는 할 수 없이 벽감들 속에다 12사도를 그려넣는 아주 간단한 설계에 착수해서 피렌체에서 그림 그리는 것을 도와줄 조수들을 불러 고용했다. 그러나 그는 갑자기 예배당 안에 혼자 틀어박혀 아무도 접근하지 못하게 하고는 '전 세계를 깜짝 놀라게 할' 계획을 혼자서 작업하기 시작했다. 예배당 안에 섰을 때 그 전체가 주는 인상은 우리가 지금까지 보아왔던 사진과는 대단히 상이하다.

예배당은 얕은 궁륭 천장을 가진 대단히 크고 높은 강당처럼 생겼다. 미켄란젤로는 예배당 양쪽 벽의 5개 창문 사이에서 시작되는 궁륭 천장에 유대인들에게 메시아의 출현을 예언하는 구약 성서의 예언자들과 그 사이사이에 이교異

敎들에게 예수의 재림을 예언했다고 전해지는 무녀들의 거대한 그림을 그려넣었다. 그는 이들 예언자와 무녀들을 깊은 사색에 잠겨 있거나 혹은 책을 읽거나 글을 쓰거나 논쟁을 하거나 혹은 그들 내면의 소리에 귀를 기울이고 있는 듯한 형상들을 하고 있는 초인간적인 남녀의 상으로 표현하였다. 등신대보다 더 큰 인물상들이 열을 지어 있는 사이의 천장 꼭대기에는 천지 창조와 노아의 홍수에 관한 이야기를 그려놓았다. 그러나 이처럼 엄청난 작업조차도 늘 새로운 형상들을 창조하는 그의 욕망을 채울 수 없다는 듯이 그는 이 그림들 사이의 경계에 또다시 어마어마한 양의 많은 인물상을 그려 넣었다.

사진을 통해서 이처럼 많은 인물상을 보면 천장 전체가 혼란스럽고 균형이 잡히지 않았으리라고 의심할지도 모른다. 그러나 시스티나 예배당 안으로 들어서서 그 천장화를 단순히 하나의 훌륭한 장식으로만 생각하고 본다면 그것이 얼마나 단순하고 조화로운지, 그 색조가 얼마나 부드럽고 절제되어 있는지, 그리고 전체의 짜임새가 얼마나 명료한지를 발견하고는 대단히 놀라게 될 것이다.

그가 그린 창세기의 이야기 중 가장 유명하고 뛰어난 것은 커다란 화면 하나에 그려진 '아담의 창조'이다. 미켈란젤로 이전의 미술가들도 땅 위에 누워 있는 아담을 하느님이 손으로 축수함으로써 그에게 생명력을 불어넣어 주는 그림들을 이미 오래 전부터 그린 바 있지만 아무도 이처럼 간단하고 힘차게 위대한 창조의 신비를 표현하지는 못했다. 미켈란젤로가 하느님의 축수를 이 그림의

중심에 두어 초점으로 만들고 의연하고 힘찬 창조의 모습을 통해서 신의 전지 전능함을 우리의 눈으로 볼 수 있게 만든 방법은 미술에 있어서 가장 위대한 기적 가운데 하나이다."

최고의 젤라토를 찾아서

로마에는 이름 난 젤라테리아Gelateria가 여럿 있다. 바티칸박물관 앞 올드브리지Old Bridge와 판테온 부근 졸리티Giolitti, 테르미니 근처 파시Fassi는 누가 뽑았는지는 모르겠지만, 한국에서 '로마 3대 젤라테리아'로 알려졌다. 내가 찾은 최고의 젤라테리아는 산 로렌조 인 루치나 광장Piazza San Lorenzo in Lucina에 있는 참피니Ciampini다. 진하고 풍성하면서도 달거나 느끼하지 않은 맛과 향이 월등하다. 당연한 말이지만 바Bar에서 주문하면 싸고, 테이블에 앉아 먹으면 비싸다.

처음 간 젤라테리아 솜씨를 알아보려면 피스타치오pistachio 맛을 주문해보면 된다. 피스타치오 젤라토는 제대로 만들면 그렇게 고소하면서도 상쾌할 수가 없다. 하지만 자칫 잘못하면 느끼하고 비릿한 풋내가 나는 질척한 초록색 죽처럼 된다.

개인 경험상으로 봤을 때는 쇼윈도식 유리 냉동고보단 스테인리스 소재에 그것도 두꺼운 뚜껑으로 덮어 젤라토를 보이지 않게 보관하는 젤라테리아가 대개는 더 낫다. 빛으로부터 차단된 데다, 보관온도를 일정하게 유지할 수 있어 젤라토 맛이 더 잘 유지된다. 이탈리아 대도시 여러 곳은 물론 일본 도쿄에도 가게를 낸 프랜차이즈지만 최고로 인정받는 그롬Grom이 스테인리스 냉장고를 사용한다. '굳이 보여주지 않아도 아는 사람들은 다 알고 찾아온다고' 랄까 하는 자부심이 그 속에 들어있는 것만 같기도 하다.

당연한 말이지만 바에서 주문하면 싸고, 테이블에 앉아 먹으면 비싸다.

이탈리아인 친구 산드로가 알려준 바에 따르면, 처음 간 젤라테리아 솜씨를 알아보려면 피스타치오 pistachio 맛을 주문해보면 된다.

산 로렌조 인 루치나 광장 Piazza San Lorenzo in Lucina

스페인 광장 주변은 부정할 수 없는 로마 제1의 명품 쇼핑 거리이다. 하지만 관광객들에게 질린 로마인들이 요즘 조용히 쇼핑하러 찾는 곳은 산 로렌조 광장이다. 카 슈Car Shoe 등 이탈리아와 프랑스, 스페인, 미국 최고 브랜드들이 두루 매장을 가지고 있다. 참피니도 여기 있다.

로마인들이 즐겨 쇼핑하러 찾는 산 로렌조 광장

스파다Spada

로마 최고의 넥타이로 명성이 자자하다. 실크, 캐시미어, 파시미나 등 최고급 소재를 손바느질해 만든다. 얇으면서도 매면 주름이 풍성하게 살아나는 게 신기하다. 자체 브랜드로 만드는 스웨터, 로퍼 등 다른 제품들도 최고 수준이다. ▎Piazza SanLorenzoinLucina20,066871505

다비데 첸치 Davide Cenci

로마에서 가장 좋은 남성복 컬렉션 매장이다. 슈트부터 스니커즈까지 남성이 걸쳐야 할 모든 것을 구비했다. 전체적으로 클래식하고 비싼 편으로 소위 '스트리트 패션' 스타일은 없는, 어른들의 가게다. 이탈리아 국회의원, 기업 대표 등을 단골로 모신다. 영국 처치스 구두, 미국 랄프 로렌, 이탈리아 프라다 등 고가의 럭셔리 브랜드 제품을 두루 갖췄다. 맞춤형Bespoke 양복도 물론 가능하다. ▎Via Campo Marzio 1-7, 06 699 0681, www.davidecenci.com

영화 '달콤한 인생 La Dolce Vita'에서 여배우 아니타 에크베르크 Anita Ekberg가 뛰어들면서 이 분수는 로마의 낭만을 상징하는 명소로 세계인의 뇌리에 영원히 각인됐다. 온종일 관광객이 들끓고 있는 데다 감시원이 삼엄하게 지키고 있어서, 이제는 아니타가 다시 온다고 해도 뛰어들지는 못할 분위기다.

로마에 다시 오고 싶은 여행자들이 뒤돌아서서 동전을 던져 넣는다. 분수 관리인이 매일 아침 7시 진공청소기처럼 생긴 기계로 수거하는 동전이 무려 5,000유로어치나 된다. 수거한 동전은 가톨릭교회 자선단체에 기부된다. 폰타나 분수는 1732년 착공해 1762년 완공됐다. 지금은 세계적 사랑을 받지만, 처음에는 불만도 있었던 모양이다.

분수 광장 코너에 있었던 이발소 주인이 끊임없이 "디자인이 별로다"라고 분수를 설계한 건축가 니콜라 살비 Nicola Salvi에게 투덜댔다고 한다. 불평이 얼마나 끊임 없이 이어졌는지, 살비는 이발소 쪽을 향한 분수 모서리에 항아리처럼 생긴 구조물을 세워 분수에서 이발소가 보이지 않게 가렸다. 현지인들은 이 구조물이 카드 '에이스' Ace처럼 생겼다고 이탈리아어로 에이스를 뜻하는 '아소' Asso라 부른다.

트라스테베레 Trastevere

No 21

테베레 강 건너편이라는 뜻이다. 콜로세움, 판테온 등이 있는 구시가centro storico와 테베레를 사이에 두고 마주 보고 있다. 원래 노동계층의 허름한 주거 지역이었지만, 지금은 외국인 관광객을 주로 상대하는 호텔, 식당, 술집으로 가득하다. 산타 마리아 인 트라스테베레 광장Piazza Santa Maria in Trastevere은 트라스테베레의 중심이다. 광장 중심의 분수는 고대 로마 때부터 있던 것을 17세기 바로크 스타일로 고친 것이라고 한다. 산타 마리아 인 트라스테베레 교회 Basilica di Santa Maria in Trastevere는 겉으로 봐서는 그리 대단찮아 보일 수도 있지만, 내부는 아름다운 12세기 모자이크로 장식됐다.

호텔, 식당, 술집으로 가득한 트라스테베레

콜로세움 Colosseum

No 22

　더 이상 설명이 필요 없는 로마제국의 상징. 3개 층으로 이뤄졌는데, 1층의 기둥은 이오니아양식, 2층은 도리아 양식, 3층은 코린트 양식의 기둥머리를 하고 있었다. 겉은 매끄러운 석회암 가루로 발렸고, 구석구석에는 많은 대리석상으로 장식돼 있었다. 오늘날 이탈리아인에게 축구영웅이 있듯, 로마인들에겐 열광적으로 응원하는 글래디에이터 즉 검투사가 있었다. 지금도 콜로세움 구석에는 못으로 검투사의 이름과 "반드시 죽어야 한다"고 새겨진 낙서를 볼 수 있다. 아마도 자신이 응원하는 검투사의 숙적이었던 듯하다.

로마 시대의 원형 경기장, 콜로세움

오늘날 이탈리아인에게 축구영웅이 있듯, 로마인들에겐
열광적으로 응원하는 글래디에이터 즉 검투사가 있었다.

유대인 게토

유대인의 로마 정착은 역사가 길다. 기원전 2세기부터 살았다. 기원후 70년 로마제국이 예루살렘성전을 파괴하자 유대 난민이 로마로 파도처럼 밀려들었다. 4세기 4만 명이나 됐다. 다른 유럽의 유대인과 달리 오래 전부터 로마 시민으로 살았고, 그래서 차별 없이 동일한 법적 권리를 누렸다.

모든 건 1492년 유대 혈통으로 알려진 크리스토퍼 콜럼부스가 아메리카 대륙을 발견한 해 뒤집어졌다. 스페인 페르난도 왕과 이사벨라 여왕이 유대인을 추방했다. 유대인들은 자신들을 박해하지 않던 로마로 몰려들었다. 공동체가 너무 커졌고, 반종교개혁에 대한 반발로 사회 분위기도 비가톨릭신자 특히 유대인에게 적대적으로 변했다.

마침내 1555년 즉위한 교황 바오로 4세가 유대인을 가톨릭으로부터 분리된 게토에 모여 살라는 교서를 내렸다. 유대인들은 카피톨리노 언덕 맞은편 게토에 가둬졌고 낮에만 외출할 수 있었다. 1870년 로마가 통일이탈리아왕국에 편입된 다음에야 유대인들은 더 이상 격리생활을 하지 않아도 됐고 이동의 자유도 얻었다. 요즘 로마의 유대인은 숫자가 많지 않은데다 모여 사는 숫자는 더 적다. 과거 게토가 있었던 비아 델 포르티코 도타비아Via del Portico d' Ottavia 거리에 시나고그와 소규모 유대인 공동체가 있다.

카르초포 알라 주데아 Carciofi alla Giudea

No 24

뛰어난 요리는 여유와 풍요보다는 궁핍과 빈곤 속에서 탄생하는 경우가 많은 것 같다. 재산을 뺏기고 게토에 갇힌 유대인들은 로마음식에 크게 기여했다. 카르초피 알라 주데아 즉 유대인식 아티초크 요리가 대표적이다. 좁은 게토에서 오븐 따위 장비를 제대로 갖춘 주방은 갖기 어려웠다. 튀김은 냄비와 기름만 있으면 됐다. 그래서 유대인들은 다양한 튀김 요리를 개발했다.

카르초포 알라 주데아는 아티초크를 적당히 두드려 딱딱한 껍질을 부드럽게 한 다음 기름에 튀긴다. 겉은 바삭하고 속은 촉촉하니 부드럽다. 민트와 마늘을 아티초크 잎 사이사이 끼워 넣고 올리브오일에 천천히 끓이듯 익히는 로마식 아티초크 요리 카르초피 알라 로마나carciofi alla Romana보다 훨씬 내 입에 맞았다.

기독교인들이 애호박을 먹고 버리던 호박꽃을 치즈, 빵가루, 안초비, 달걀, 파슬리 등으로 채워 가벼운 튀김옷을 입혀 뤼겨낸 호박꽃 튀김은 이제 로마를 넘어 이탈리아를 대표하는 요리가 됐다. 여러 채소를 작게 잘라 튀김옷을 입혀 튀기는 프리토 미스토fritto misto 역시 유대인이 개발했지만 이탈리아 전역에서 즐기는 음식이다.

필레티 디 바칼라 *Filleti di Bacala*

로마를 대표하는 음식인 필레티 디 바칼라로 유명한 '다르 필레타로 아 산타 바르바라' Dar Filettaro a Santa Barbara 는 데 피오리 광장 Campo de' Fiori 근처에 있다. 오후 5시 문 여는데, 이탈리아에서 드물게 줄 서서 기다려야 했다.

❙ Largo dei Librari 88, 06 68 64 018

필레티 디 바칼라는 커다란 대구살에 두꺼운 튀김옷을 입혀 튀기는데, 저렴한 가격도 좋았지만 너무 맛있어서 사흘 저녁을 연달아 여기서 먹었다. 그랬더니 주인과 종업원들이 이 희한한 아시아인들을 기억하고 웃으며 맞아 주었다.

옆 테이블 손님들이 앤초비에 버터 덩어리가 함께 나오는 요리를 바칼라와 함께 많이 시키길래 우리도 시켜봤다. 요리의 이름은 아추게 콘 부로 acciughe con burro. 아추게는 앤초비의 원래 이탈리아 이름이다. 짭짤한 앤초비와 고소한 버터가 의외로 잘 어울렸다. 빵에 얹어 먹는다.

아추게

푼타렐레 puntarelle는 로마에서 겨울에만 먹을 수 있는 채소로, 샐러리와 미나리를 합쳐놓은 듯한 맛이다. 이 푼타렐레를 길고 얇게 잘라서 다진 앤초비와

마늘, 올리브오일에 살짝 버무린 샐러
드다. 아삭아삭 산뜻한 푼타렐레가 바
카라와 아추게로 느끼해진 입안을 산
뜻하게 씻어준다.

로숄리 Antico Forno Roscioli

No 26

로마 최고의 빵집을 거론할
때 빠지지 않는 곳이다. 1970년
대 마르코 로숄리Marco Roscioli가
창업해 이제는 그의 아들 피에르
루이지Pierluigi와 손자들이 대를
잇고 있다. 창업 당시부터 사용

하던 마더mother를 사용한다. 새 밀가루를 부풀게 하는 옛 빵반죽을 영어로
마더 또는 마더 도우mother dough라고 한다. 한국에서도 식초를 이런 방식으로
만들었는데, 이때 옛 식초를 효모酵母라고 부른 것과 마찬가지
다. 이곳은 30여 가지 빵과 과자를 갖췄는데, 특히 라리아노 빵
pane di lariano이 무척 맛있다. 토마토 소스 없이 올리브 오일과
파슬리에 허브만 살짝 뿌리는 피자 비앙카pizza bianca는 얇고 바
삭하다. 1인분 1.5유로 정도로, 가벼운 점심이나 간식으로 이만
한 게 없다. 파니니도 맛있다.

❚ 빵집 Via dei Chiavari 34, 06 6864045, www.salumeriaroscioli.com

'꽃 광장'이란 이름처럼 예전에는 꽃과 과일, 채소를 파는 상인들로 가득했다. 물론 아직도 이런 것들을 파는 시장이 오전 7시부터 오후 2시까지 열리지만, 관광객과 그들을 상대하는 레스토랑, 카페가 훨씬 많다. 가톨릭교회가 1600년 이단으로 화형시킨 철학자 조르다노 브루노Giordano Bruno의 동상이 한복판에 서 있다. 그래서인가, 로마에서 유일하게 교회가 없는 광장이다.

로숄리에서 피자 비앙카나 파니니를 사들고 피오리 광장을 향해 걷는다. 피오리 광장에서 왼쪽, 건물과 건물 사이로 노란 벽돌로 단정하게 지은 팔라초가 보일 것이다. 팔라초 파르네제이다. 미켈란젤로가 설계한 르네상스 양식 건물의 백미로 꼽힌다. 파르네제 가문이 살았던 궁전이다. 파르네제는 내가 살았던 파르마Parma를 영지로 통치했으며 교황도 배출한 이탈리아 유력 가문이다. 팔라초가 있는 파르네제 광장Piazza Farnese은 피오리 광장과 거의 붙어있지만 훨씬 조용하다. 이곳 돌 벤치에 앉아 팔라초와 그 앞을 지나는 로마 사람들을 관찰하며 파니니를 먹었다. 광장에 비아 줄리아Via Giulia가 붙어있다. 아름다운 주거지역으로 난 한적한 길이다. 로마 중산층 이상이 어떻게 사는지 구경하면서 천천히 걸었다.

로마에서 전망이 가장 좋은 곳. 게다가 공짜다. 통일 이탈리아왕국과 이탈리
아를 통일한 비토리오 에마누엘레Vittorio Emanuele 2세를 기념하기 위해 세워졌
다가 무명용사 추모관이 됐다. 새하얀데다 과도하게 우뚝해 안정감이 떨어지
는 모양 때문에 '웨딩 케이크' '타자기' 라고 놀림 받기도 하지만, 확실히 튄다.

60

로마에서 가장 아름다운 광장이다. 그림을 늘어놓은 화상畵商, 거리의 음악가, 사탕 등 주전부리를 파는 노점상, 산책 시키려고 데리고 나온 개들이 서로의 냄새를 맡는 동안 수다 떠는 주인 아저씨들, 그리고 꽃 사라고 집요하게 따라붙는 파키스탄 남성들로 가득하다. 긴 타원형 광장으로, 고대로마시대 도미티아누스 황제의 전차경기장이 있던 흔적이다. 15세기 바닥을 돌로 깐 이래 300년 동안 로마에서 가장 큰 시장이었다.

광장 한복판 분수는 베르니니Bernini가 설계했다. 4대 강(아프리카 나일, 인도 갠지스, 유럽 다뉴브, 아메리카 플라타)의 상징물을 조각했는데, 나일강에 해당하는 조각은 손으로 눈을 가리고 있다. 사람들은 "베르니니가 라이벌인 보로미니Boromini가 설계한 산타녜제 교회Chiesa di Sant' Agnese in Agone를 쳐다보지 않으려고 한 것"이라고 수군댔다.

광장 북쪽 끝에 있는 로마국립박물관Museo Nazionale Romano: Palazzo Altemps은 루도비시Ludovisi 컬렉션이 유명하다. 교황 그레고리우스 15세의 조카였던 루도비코 루도비시Ludovico Ludovisi 추기경이 수집한 고대 그리스-로마의 대리석상들로, 이탈리아에서 가장 아름다운 고대 컬렉션으로 이름 높다.

오랫동안 낙후된 지역이었으나 최근 작고 예쁘고 재미난 가게들이 들어서면서 트렌디해졌다. 콜로세움 옆에 있다. 대기업 프랜차이즈로 재미 없어지기 직전의 홍대 앞, 아니면 요즘 상수동과 비슷한 분위기다. 로마에 사는 미국인 음식작가 엘리자베스 민칠리Elizabeth Minchilli 덕분에 이 지역을 구석구석 알게 됐다. 로마와 베네치아, 피렌체 음식점이나 이탈리아 식문화 전반에 대해 궁금하다면 엘리자베스의 웹사이트www.elizabethminchilliinrome.com나 애플리케이션Eat Rome, Eat Florence, Eat Venice을 강력하게 추천한다.

트리콜로레 Tricolore

　몬티에 생긴 지 3년 정도밖에 안 됐지만 빵맛으로 로마 미식가들 사이에서 이미 명성이 높다. 물리노 마리노Mulino Marino, 물리노 로소Mulino Rosso 등 품질 좋은 밀가루를 사용하는 것을 감안하면 바게트 등 빵값이 비싸지 않은 편이다. 옥수수 가루로 만드는 작은 롤빵도 훌륭하다. 이런 빵에 신선한 햄과 채소, 치즈 등을 넣은 샌드위치도 무척 맛있다. 요리학교도 있고 케이터링도 한다.

❙ Via Urbana126, 0688976898, www.tricoloremonti.it

큰 테이블에 여러 음식이 차려져 있다. 원하는 대로 담아 먹고 나중에 계산하면 된다. 점심 뷔페가 10유로 정도로 아주 괜찮다. 오픈키친, 모양과 색깔이 제각각인 탁자와 의자가 무심한 듯 시크하게 놓여있다. 아침부터 오후 늦게까지 연다. 로마가 있는 라치오 Lazio 지역에서 생산된 재료를 사용한다. 식당 주인이 이탈리아판 신토불이랄 '킬로미터 제로 kilometer zero' 에 관심 많아서다.

| Via Urbana47, 0647884006

올모스트 코너 북숍Almost Corner Bookshop

트라스테베레Trastevere에 있는 영어 책방. 로마에서 영어로 된 서적을 가장 충실하게 갖춘 서점이다. 세계적 파스타 권위자인 자니니 데 비타Zanini de Vita 여사를 인터뷰한 뒤 그가 쓴 '파스타 백과사전'Encyclopedia of Pasta 영어판을 사고 싶다고 하자, 자신에겐 남은 게 없다며 "여기에는 있을 것"이라고 알려줘 가보게 됐다. 딱 하나 남아있었는데, 책 커버와 내용이 앞뒤 위아래가 뒤집힌 채 제본된 불량품이었다. 서점 주인에게 말했더니, 어깨를 으쓱하더니 "자니니 여사에게 소개받고 찾아왔다면서요? 어차피 반품할 책이니 그냥 가져가요"라 고 했다. 이런 인간미가 있어서 미워할 수 없는 이탈리아, 이탈리아 사람들이다.

▎Via del Moro 45, 06 583 6942

카르보나라(Carbonara)는 한국에서 크림소스 파스타의 대명사로 인기가 많다. 하지만 정통 카르보나라에는 크림이 한 방울도 들어가지 않는다. 소스 재료는 달걀과 관찰레guanciale, 후춧가루, 페코리노 치즈 이렇게 딱 네 가지다. 관찰레는 훈제한 돼지 볼살이다. 없으면 돼지 뱃살로 만드는 베이컨을 사용해도 된다. 페코리노 치즈는 양젖으로 만든다. 없으면 소젖으로 만드는 파르미자노 치즈로 대체해도 된다.

프라이팬에 올리브오일을 조금 두른 뒤 관찰레를 볶는다. 삶은 파스타를 넣고 살짝 버무린 다음 달걀을 풀어 넣는다. 뜨거운 불에 급하게 익히면 달걀이 스크램블이 되니 조심한다. 약한 불에 천천히 꾸준히 저으면 달걀물이 벨벳처럼 매끄러운 윤기가 도는 진한 소스가 되어 파스타를 코팅한다. 그릇에 담고 후춧가루와 페코리노를 갈아서 뿌려주면 완성된다.

카르보나라에 생크림을 넣어 보다 풍부하고 진한 맛을 내기도 한다. 하지만 달걀 없이 크림만으로 만든 파스타는 카라보나라라고 할 수 없다.

파스타 알라 그리차(Pasta alla Gricia)는 카르보나라에서 달걀을 뺀 파스타이다. 관찰레와 올리브오일, 파르미자노로 단순하게 맛을 낸다. 파스타 자체의 맛을 즐기고 싶다면 추천하다.

카치오 에 페페(Cacio e Pepe)는 가장 만들기 쉬운 파스타일 것이다. 마늘과 올리브오일만 들어가는 알리오 에 올리오aglio e olio도 재료는 간단하지만 마늘이 타지 않도록 볶아야 하니, 이 파스타보단 어렵다 하겠다. 스파게티 따위 드라이 파스타를 삶아 치즈가루와 후춧가루만 뿌려 버무리면 끝이다.

파스타 알라 아마트리차나(Pasta alla Amatriciana)는 카르보나라와 함께 로마는 물론 이탈리아 파스타 전체를 대표한다. 그리치아에 토마토를 더하면 아마트리차나가 된다. 로마 인근 아마트리체Amatrice에서 탄생했다.

라 타베르나 데이 포리 임페리알리 *La Teverna dei Fori Imperiali*

커다란 오크통에 촛농이 흘러내린 키안티 와인병이 놓인 가게 입구는 전형적인 관광객 대상 식당 같지만, 음식은 전혀 그렇지 않다. 더스틴 호프만와 알 파치노, 로버트 드 니로 등도 로마를 방문했을 때 여기서 식사했다. 관광객보다 현지인 손님이 더 많다. 전통 레시피에 독특하고 모던하게 업그레이드한 음식들이 많다. 예를 들어 주방에서 직접 만드는 라비올리ravioli에 흔히 넣는 리코타ricotta 대신 부라타buratta 치즈를 넣는다거나, 이탈리아식 미트로프meatloaf에 피스타치오를 박아 색다른 향과 씹는 맛을 주는 식이다. 카르보나라 pappardelle alla carbonara, 카치오 에 페페tonnarelli cacao e pepe, 스파게티 일라 아마트리치아나spaghetti alla amatriciana 등 로마 전통 파스타도 아주 잘 한다.

| Via Madonna dei Monti 9, 06 679 8643, www.latavernadeiforiimperiali.com

마케로니 *Maccheroni*

Nº 37

　벽에 걸린 쇠갈고리와 두꺼운 나무 도마는 이 식당 자리가 원래 정육점이었을 때부터 있던것들이다. 전형적인 이탈리아 트라토리아다. 음식은 라치오 전통식이다. 카르보나라, 아마트리치아나, 카치오 에 페페 등 무엇을 먹어도 맛있다. 정육점이었던 과거를 부정할 수 없는 것인지 센불에 대담하게 구워내는 스테이크, 양고기 그릴 등 고기요리가 특히 탁월했다. 동생부부와 열흘 로마에 지내면서 세 번은 왔던 것 같다.

| Piazza delle Copelle 44, 06 68 30 78 95,

| www.ristorantemaccheroni.com

브루티 마 부오니 Brutti Ma Buoni

No 38

한국말로 번역하자면 '못생겨도 맛은 좋아' 쯤 될 듯하다. 굵게 다진 견과류를 섞어 구운 머랭 쿠기로, 울퉁불퉁한 겉모습 때문에 붙은 이름 같다. 이탈리아 웬만한 제과점에서 볼 수 있다. 사진은 볼페티Volpetti라는 오래된 빵집antico forno 쇼윈도를 찍은 것이다.

| Via della Scrofa 31, 06 686 1940

한국말로 번역하자면 '못생겨도 맛은 좋아' 쯤 될 듯하다. 굵게 다진 견과류를 섞어 구운 머랭 쿠기로, 울퉁불퉁한 겉모습 때문에 붙은 이름 같다.

2 나폴리

Napoli

나폴리는 문제가 많은 도시다. 교통체증은 지옥 같고, 거리에는 쓰레기가 넘치고, 카모라Camorra 같은 조직범죄부터 소매치기까지 크고 작은 범죄가 넘쳐난다. 나폴리를 가겠다고 하면 다른 지역에 사는 이탈리아 사람들조차 "위험해서 우리도 가기 꺼려진다"고 말할 정도다.

하지만 나는 나폴리에 가지 않을 수 없었다. 우리가 이탈리아라고 알고 있는 음식과 문화와 역사는 나폴리에 있다. 이제는 세계인의 음식이 된 피자가 바로 이 도시에서 탄생했고, 파스타를 알 덴테Al Dente로 먹기 시작한 것도 여기다. 세계 최고의 커피가 이 도시에 있고, 전 세계 멋쟁이 남성들이 한번쯤 맞춰보고 싶어 하는 양복점도 여기에 있다.

이 매력적 모순의 도시를 보고, 입고, 먹고, 마셔보지 않을 수는 없었다. 이탈리아를 진짜로 이해하려면 반드시 방문해야 하는 궁극의 도시, 나폴리다.

　이탈리아 최고 커피 원두 업체 중 하나인 일리illy의 대표 프란체스코 일리가 한국을 방문한 적이 있다. 그를 인터뷰하면서 "전 세계를 다니며 커피를 마셔볼 텐데, 어디 커피가 최고냐"고 물었다. 그는 한순간의 머뭇거림도 없이 '나폴리'라고 말했다.

　"나폴리 사람들은 다른 어느 도시보다 커피를 많이 마신다. 그래서 커피 맛을 너무나 잘 안다. 또 솜씨 좋은 바리스타를 스타로 떠받든다. 게다가 반자동 에스프레소 머신만 사용한다. 반자동 머신은 커피를 뽑는 바리스타 솜씨가 형편 없으면 최악의 커피가 주출된다. 하지만 솜씨 좋은 바리스타가 다루면 자동 머신보다 훨씬 맛있는 커피를 뽑을 수 있다."

　일리가 한 말이 잊히지 않았던 나는 나폴리에 도착하자마자 카페에 가봤다. 그의 말마따나 반자동 머신을 사용했다. 자동은 커피 원두 가루를 끼워 넣고 버튼만 누르면 커피가 추출되는 기계다. 한국 테이크아웃 커피점에서 사용하는 에스프레소 머신은 모두 자동이다. 반자동은 자동이 나오기 전 나온 기계로, 길쭉한 막대 모양 레버가 달려있다. 레버를 아래로 당긴 다음 버튼을 누르면 레버가 천천히 원래 위치로 올라가게 돼 있다. 이때 바리스타가 레버를 붙잡아 올라가지 못하게 하거나 올라가는 속도를 조정할 수 있다. 그날의 습도나

반자동 머신으로 커피를 뽑는 나폴리 바리스타

기압, 손님의 취향에 따라서 커피 맛을 미세하게 조절할 수 있다.

에스프레소 한 잔을 주문했다. 바리스타는 탄산수 한 잔을 먼저 내놓았다. 입을 헹구고 커피를 마시란 배려다. 이어 바리스타는 "설탕을 넣느냐"고 물었다. 설탕을 넣는다고 하자, 바리스타는 설탕 한 스푼을 잔에 털어넣더니 에스프레소 머신 밑에 놓고 커피를 추출하기 시작했다. 설탕을 넣느냐 안 넣냐에 따라서 커피 맛과 추출액을 달리하는 듯했다.

잔을 머신 위에 데워놓지 않고 바Bar 아래에서 꺼내길래 어디에 잔을 보관하지는 내려다봤다. 에스프레소잔이 김이 올라오는 뜨거운 물 속에 잠겨있었다. 에스프레소는 추출량이 적다. 잔이 차가우면 에스프레소가 식어서 맛이 떨어진다. 그래서 따뜻하게 데워 보관하는 것이다. 나폴리 등 남부에선 리스트레토에 가깝게 양이 적고 진하게 뽑는다. 에스프레소가 손님에게 나갔을 때 뜨거운 상태를 유지하도록 컵을 머신이 아니라 끓는 물에 넣어두는 것이다.

바리스타가 커피를 내줬다. 짙고 두꺼운 황금색 크레마에 덮인 커피에서 참기름처럼 고소한 향이 올라왔다. 나폴리 사람들이 하듯 커피를 한 모금에 입에 털어넣었다. 쌉쌀하면서도 과일처럼 산뜻한 산미가 조화로웠다. 이어 고소한 달콤함이 입안 가득 퍼졌다. 평생 마셔본 최고의 커피였다. 너무 맛있어서 한 잔 더 주문했다. 이번에 설탕을 넣지 말아달라고 주문했다. 커피 자체의 단맛이 충분해 설탕을 굳이 넣을 필요가 없었다.

　　이탈리아의 국교는 가톨릭이다. 하지만 실제 교회에 가는 이들은 많지 않다. 한국에서 불교와 유교가 우리 일상에 너무 깊숙이 박혀 있어서 습관과 문화로 여길 뿐 종교로 인식하지 못하는 것과 비슷하다. 하지만 이탈리아 남부 특히 나폴리에서는 아니다. 가톨릭교회는 여전히 뜨겁고 열정적인 종교이자 열정이다. 베네데토 크로체Benedetto Croce와 산 비아죠 데이 리브라이Via San Biagio dei Librai, 비아 트리부날리Via Tribunali 등 옛 도심을 가로 세로로 통과하는 길마다 성모상, 예수상, 십자가에 달린 예수와 그 밑에서 울부짖는 성모와 제자 등을 묘사한 피에타 등 성물을 파는 가게가 이어진다.

아기 예수를 안고 있는 성모 마리아

누군가 말했다. "현대 이탈리아의 종교는 축구이며, 축구 스타야말로 진정한 신이다." 나폴리에서 이 말의 의미를 실감했다.

산 그레고리오 아르메노 거리에 있는 '바 닐로'Bar Nilo 출입구 2개 사이 벽에 작은 공간이 마련돼 있다. 거기에 마치 위패 또는 성물 또는 영정사진을 모시듯 축구 스타 디에고 마라도나Diego Mardona의 사진이 담긴 액자가 걸려 있었다.

사진 아래 또 다른 액자가 놓였는데, 그 안에는 마라도나를 성자로 묘사한 그림과 함께 검은 머리카락 한올이 들어 있었다. 머리카락 위아래에 '디에고 아르만도 마라도나의 기적의 머리카락', '신성한 해 1987년'이라고 적혀 있다. 1987년은 프로축구팀 AC 나폴리가 사상 처음이자 마지막으로 이탈리아 세리에A 리그에서 우승한 해이다. 나폴리의 우승은 축구 천재 마라도나가 이끌었다. 액자 옆에는 작은 유리병이 있다. 유리병 밑에 '나폴리인들의 눈물, 검은 해 1991년' 이라고 적혀있다.

바에 들어가 에스프레소를 주문하면서 주인에게 "밖에 놓은 게 뭐냐"고 물었다. 1987년 우승하던 날 뽑은 머리카락이란다. 그리고 유리병에 담긴 건 마라도나가 1991년 나폴리팀을 떠나던 날 자신과 주변 사람들이 흘린 눈물이고. 마약 복용과 기행으로 구설수에 오르내리는 마라도나지만, 나폴리 사람들에게 여전히 그는 사랑받는 축구 스타를 넘어 신으로 숭배를 받고 있다.

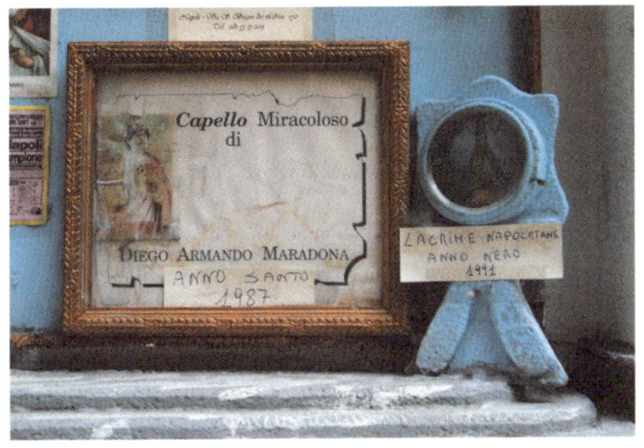

축구선수 마라도나를 숭상하는
나폴리 사람들

나폴리는 미신을 믿는 도시다. 산 제나로의 기적을 믿는 많은 '사악한 눈 Maloccio'도 믿는다. 누군가 자신을 미워하거나 질투해 저주하면 큰 재앙이 닥친다는 것이다. 그래서 많은 사람이 코르노를 목이나 자동차에 매달고 다닌다. 코르노는 뿔이란 뜻으로, 빨간색에 약간 구부러진 것이 고추처럼 생겼다. 그래서 고추가 유럽 다른 지역에서보다 더 인기를 끌게 된 건 아니었나 추측해보기도 했다. 나폴리 관광지를 지나다 보면 쉽게 볼 수 있다.

산 로렌조 교회 Chiesa e Scavi di San Lorenzo Maggiore

No 6

두오모에서 길을 건너 트리부날리Via dei Tribunali로 들어가면 왼쪽에 있는 큰 교회다. 13세기 짓기 시작한 건물 내부는 프랑스식 고딕양식이다. 이탈리아에서 교회는 입장료를 내지 않아도 들어갈 수 있는데, 이곳에서 입장료를 받는 이유는 고대 그리스 로마 시대 유적scavi이 있기 때문이다. 교회 내부도 볼 만은 하지만 이탈리아에 살면서 워낙 많은 교회를 방문한 다음이라 그런지 큰 감흥은 없었다. 푸줏간과 빵집, 세금사무소 등이 있었던 거리가 놀랍게도 잘 보존돼 있다.

나폴리에서 가장 아름다운 광장을 꼽으라면 여기다. 광장 북쪽에 산 도메니코 교회Chiesa di San Domenico Maggiore가 있다. 나폴리에서 이탈리아 남부와 시칠리아를 통치한 스페인 아라곤 왕조가 선호했고 후원했던 도미니크수도회의 나폴리 본산이다.

산 도메니코 광장Piazza San Domenico Maggiore

산세베로 예배당 Capella di Sansevero

큰 기대 없이 들어갔다가 깜짝 놀랐다. 나폴리에서 고고학박물관 다음으로 볼 만했다. 입장료 7유로가 아깝지 않다. 이곳에 가게 된 건 '베일을 쓴 예수' Cristo Veluto라는 유명한 대리석 조각품이 있다고 해서였다. 십자가에서 죽은 예수를 땅에 내려 눕히고 얇은 천으로 덮은 순간을 지세페 산마르티노Guiseppe Sanmartino가 표현한 작품이다. 분명 대리석 그러니까 돌로 만들었는데, 베일이 놀랍도록 얇고 투명해 보인다.

안토니오 코라디Antonio Corradi의 '겸손' Modesty도 유명하다. 역시 얇은 천을 눌러쓴 여성 누드 조각이다. 천을 통해 보일 듯 말 듯한 여성의 벗은 몸이 겸손 보다는 관능에 가깝다. 이 밖에 많은 조각과 내부 장식이 상징으로 가득하다. 예배당을 만든 산세베로 왕자Prince of Sansevero, 라이몬도 산그로Raimondo Sangro 때문이다. 라이몬도 산그로는 18세기 이름 난 과학자이자 발명가였다. 또 그는 '다빈치 코드'로 유명해진 프리메이슨 나폴리지부 그랜드 마스터였다.

| Via de Sanctis 19, www.museosansevero.it

베네데토 크로체 거리Via Benedetto Croce

20세기 이탈리아 최고의 철학자이자 역사학자인 베네데토 크로체가 팔라초 필로마리노Palazzo Filomarino에서 태어났다. 산 도메니코 광장과 제수 누오보 광장Piazza del Gesu Nuovo를 잇는 길에 있는 큰 집이다. 크로체를 기리기 위해 이 길에 그의 이름이 붙여졌다. 카페와 식당, 젤라테리아, 인형 가게, 성물 가게가 들어차 쇼핑하거나 걷기 좋은 거리다.

쇼핑과 산책하기 좋은 베네레토 크로체 거리

제수 누오보 교회 Chiesa del Gesu Nuovo

정사각형 뿔로 뒤덮인 듯한 파사드를 가진 나폴리의 대표적인 르네상스 양식 건물이다. 교회 앞 광장에 큰 오벨리스크가 서 있어서 찾기 쉬운 데다, 관광 안내소가 있어서 나폴리를 관광 거점으로 삼으면 좋다. 교회의 내부에는 벽화와 부조 등을 포함한 다양한 종교 작품을 만날 수 있다.

산 카를로 오페라 극장 Teatro San Carlo

이탈리아에서 가장 큰 오페라하우스다. 나폴리 시민들은 밀라노 스칼라Scala 보다 41년 먼저(1737년) 세워졌다는 자부심이 있다. 곁에서 봤을 때보다 내부 가 훨씬 화려해서 놀랐다. 20분에 걸쳐 진행되는 가이드 투어가 20분마다 있 다. 한국어는 없지만, 영어는 있다. 입장료는 6유로이다.

▎Via San Carlo 98, 081 7972111, www.teatrosancarlo.it

카페 감브리누스_{Caffe Gambrinus}

150년 역사를 자랑하는 나폴리에서 제일 오래된 카페. 산 카를로 극장 앞에 있다. 대리석과 금박, 그림으로 화려하면서도 장중하게 꾸민, 1800년대 최고의 모던하고 유행하던 프랑스 그랑 카페Grand Cafe의 전형을 보여준다. 한때 예술가와 지식인, 유명인사가 모이는 '나폴리의 응접실'이었다. 지금도 여전히 나폴리 사람들이 찾기는 하지만, 어딘가 박물관과 관광명소를 합친 듯한 분위기다. 게다가 커피 가격도 비싸서 젊은이들은 거의 오지 않는다.

▌ Via Chiaia 1/2, 081 417582

여러 유명인사들의 만남의 장소

갈레리아 움베르토Galleria Umberto I

밀라노에 있는 갈레리아 비토리오 에마누엘레Galleria Vittorio Emanuele II의 쌍둥이 건물이다. 산 카를로 오페라극장과 함께 트리에스테 에 트렌토 광장Piazza Trieste e Trento에 있다. 십자가 단면과 유리지붕, 화려한 모자이크 바닥까지 똑같다. 하지만 건물을 채운 브랜드와 쇼핑객의 수준이나 숫자는 크게 차이 난다. 이곳에서 따뜻한 아침 햇살을 받으며 오랫동안 한담閑談을 나누는 나이 지긋한 남성들을 봤는데, 쇼핑객과 관광객으로 언제나 북적대는 밀라노 갈레리아에서는 상상 못 할 풍경이다. 밀라노와 나폴리의 과거와 현재를 보여주는 듯하다.

세련되고 멋진 분위기의 갈레리아 움베르토

노촐라토Nocciolato는 헤이즐넛 크림으로 만든 구수하고 향긋하고 달콤한 음료다. 추운 겨울 아침에 마시면 특히 맛있다. 초콜라토Ciocolato는 이탈리아식 핫초콜릿이라고 할 수 있지만, 덜 달고 초콜릿 풍미가 강하다. 뜨거운 초콜릿이 애들용이라면, 초콜라토는 성인을 위한 초콜릿 음료랄 수 있다. 둘 다 진하다 못해 죽처럼 걸쭉해 숟갈로 떠먹을 정도다. 갈레리아 움베르토 근처에 있는 이 바, 줄여서 '델 프로페소레' 가 노촐라토와 초콜라토로 유명하다.

| Piazza Trieste e Trento, 081 403041, www.ilverobardelprofessore.com

스폴리아텔라 Sfogliatella

No 15

얇고 바삭한 페이스트리를 여러 겹으로 말아 조개 모양으로 만든 다음 달콤한 리코타 치즈나 레몬껍질 설탕 절임 등을 채운 나폴리 과자다. 씹으면 페이스트리가 바사삭 차례로 부서지고, 달지만 느끼하지 않은 리코타 치즈가 혀 위에서 부드럽게 녹는다. 1785년부터 영업 중인 카페 겸 제과점 핀타우로Pintauro가 원조라고 나폴리 사람들은 말한다. 하나에 1.5~2유로쯤 한다.

▌ Via Toledo 275, 081 417339, www.pintauro.it

산 프란체스코 디 파울라 교회Chiesa di San Francesco di Paola

반원형 주랑Colonnade이 플레비시토 광장Piazza del Plebiscito을 감싸 안고 있는 교회다. 로마 판테온에서 영감을 받아 고전주의 양식으로 지었다. 1817년 나폴레옹에게 쫓겨났다가 돌아온 페르디난도 1세가 왕위 복귀를 기념하며 세웠다. 1861년 이탈리아를 통일한 사보이 왕가에게 쫓겨났으니 얼마나 억울했을까. 권력이 얼마나 덧없는지 보여주는 허무의 건물이다. 사진을 아주 잘 받는다. 나폴리의 청춘남녀가 결혼식을 꿈꾸는 장소이다.

로마 고전주의 양식으로 지어진 산 프란체스코 디 파올라 교회

ISCO·DE·PAVLA·FERDINANDVS·I·EX VOTO·A·MDCCCXVI

이탈리아 사람들은 멀리 동쪽 끝 낯선 나라에서 온 동양인이 이탈리아 민요 '산타 루치아'를 안다고 하면 깜짝 놀란다. 나폴리에서는 놀라는 정도가 아니라 난리가 난다. 그렇게 좋아할 수가 없다. 나폴리에서 '산타 루치아'를 잠깐 부르고 공짜로 얻어 마신 커피가 네 잔은 된다. 하긴, 이름도 잘 모르는 동유럽 나라 사람이 '아리랑'을 안다고 하면 한국 사람들은 얼마나 좋아할까.

그 산타 루치아는 나폴리 해안에 있는 지역 이름이다. 명품 브랜드 숍이 많은 쇼핑 거리다. 바닷가에 카스텔 델로보Castel dell' Ovo가 있다. '달걀의 성'이란 뜻인데, 생긴 게 달걀 모양이라서가 아니다. 고대 로마 시인 베르길리우스가 "이 성 밑에 달걀을 묻고 달걀이 깨지면 성벽도 무너질 것"이란 주문을 걸었다는 전설이 있다. 중세 유럽 사람들은 베르길리우스를 마법사라고 믿었다.

성 바깥에는 보르고 마리나리Borgo Marinari는 작은 어촌과 항구가 있다. 지금은 고기잡이 배와 어부는 별로 없고, 주로 해산물 요리를 내는 식당이나 커피를 마시는 카페가 많다.

고기잡이 배가 정박한
산타 루치아 항구

RISTORANTE ciro PIZZ
LA SCIALUPPA

카스텔 산텔모 Castel Sant'Elmo

나폴리 서쪽 언덕 꼭대기에 있는 별 모양 성이다. 단체 관광을 오면 여기에 한 번은 가게 돼 있다. 이곳은 반드시 관광버스가 지나간다. 나폴리 바다와 도시를 내려다보는 전망이 멋지다. 올라오는 길도 아름답다. 1538년 스페인 통치자들이 지었는데, 이곳에서 대단한 전투는 벌어진 적이 없었다. 1587년 벼락이 떨어져 화약고가 폭발하면서 150명이 사망한 게 가장 큰 사건이란다. 1970년대까지 군사감옥으로 쓰였다. 성에 들어가지 않아도 전망은 감상할 수 있지만, 어차피 입장료도 없으니 들어가 봐도 괜찮다.

❙ Largo San Martino, 081 5784030

바다와 도시가 보이는 나폴리 전경

No 19

피자는 19세기 중반 나폴리에서 만들어졌다. 피자가 세계적으로 성공한 건 일차적으론 그 단순함 때문 같다. 그때그때 쉽게 구할 수 있거나 마음에 드는 재료는 무엇이건 얹을 수 있다. 덕분에 어떤 민족이나 문화, 국가, 시대에도 유연하게 적응하며 세계인의 입맛을 홀리고 있다. 피자 성공의 이차적인 이유는 많은 나폴리 사람이 미국으로 이민 갔기 때문인 것 같다. 어떤 음식이건 일단 미국을 거쳐야 세계로 퍼져나갈 수 있다.

세계적인 음식으로 자리잡은 피자

피자이올로 *Pizzaiolo*

피자 요리사를 말한다. 요리하는 과정은 이렇다. 우선 밀가루 반죽을 한 덩어리 떼어낸다. 달라붙지 않게 밀가루를 잔뜩 뿌린 대리석 상판에 능숙하고 빠른 손놀림으로 반죽을 밀고 당기고, 공중에 던져 회전시키는가 싶더니 금세 동그랗고 납작한 빵이 완성된다. 가운데는 얇고, 흔히 크러스트 crust 는 도톰하다. 잘게 다진 토마토와 모차렐라 치즈, 바질을 얹고 올리브 오일을 두른다. 한 번의 짧고 강한 손놀림으로 피자를 나무주걱에 얹는다. 장작이 활활 타오르고 있는 화덕에 집어넣는다. 바닥 온도가 485도나 되는 뜨거운 화덕에서 피자 반죽이 순식간에 부풀어 오른다. 장작에 가장 가까운 테두리부터 나타나기 시작한 '표범 가죽 무늬' leopard skin 를 피자이올로는 놓치지 않는다. 나무주걱을 피자 밑으로 밀어 넣더니 피자를 살짝 돌리고 다시 돌린다. 60~90초쯤 지나면 테두리 전체가 균일하게 먹음직스런 황금빛을 띤다.

피자이올로가 피자를 오븐에서 꺼낸다. 기름종이에 피자를 얹어 손님에게 건네준다. 군침 흘리며 기다리던 손님은 피자를 반으로 접는다. 고개를 비스듬하게 기울이고 입을 크게 벌려 김이 모락모락 올라오는 피자를 크게 한입 베어 문다. 뜨겁고, 달콤새콤하며 짭짤한 맛에 구수하고 향기롭다.

피자 마리나라 *Pizza Marinara*

피자의 원형으로 가장 단순한 맛이다. 치즈가 들어가지도 않는다. 토마토 소스와 얇게 썬 마늘, 오레가노Oregano, 소금, 올리브 오일만 올라간다. 깔끔하고 담백한 맛이 계속 입에서 당긴다.

피자의 원형, 피자 마리나라

피자 마르게리타 Pizza Margherita 와 브란디 Brandi

피자를 바로 떠오르는 이미지가 바로 피자 마르게리타다. 1889년 이탈리아 국왕 움베르토 2세와 마르게리타 왕비가 나폴리를 방문했다. 나폴리 피자집 브란디 Pizzeria Brandi 주인 라파엘레 에스포지토 Raffaele Esposito 는 국왕 부부를 위한 만찬에 올릴 피자를 만들라는 명을 받았다. 마르게리타 왕비는 에스포지토가 만든 여러 피자 중에서 토마토소스와 모차렐라치즈, 바질을 얹은 피자를 좋아했다.

나폴리 사람들은 브란디에 가지 않는다. "비싸고 맛 없다", "관광객이나 가는 집"이라는 평이다. 나는 관광객이니까, 어떤 곳인지 궁금해서라도 한 번은 가봐야 했다. 가게가 있는 골목 바깥부터 커다란 화살표 모양 간판이 붙어있는 걸 보면서 "아 여긴 아니구나" 싶었다. 가게 외벽에는 '마르게리타 피자 탄생 100주년 기념'이라는 푯말이 붙어있었다. 소박하다 못해 허름한 다른 피자가게들과 달리 화려하다. 맛없는 피자는 아니지만, 나폴리의 다른 피자 평가와 비교하면 별로였다. 그러면서 가격은 훨씬 비싸다. 한번 가볼 만한, 하지만 두 번은 갈 필요 없는 피자집이다.

| Salita Santa Anna di Palazzo 1–2(Via Chiaia), 081 416928, www.brandi.it

전형적인 나폴리 피자인 피자 마르게리타

진짜 나폴리 피자 Verace Pizza Napoletana

No 23

나폴리 시내를 걷다 보면 'Vera Pizza' 라는 글씨와 함께 가면을 쓴 광대가 피자를 들고 있는 그림으로 구성된 로고를 붙인 피자집이 종종 보인다. 나폴리 정통 피자를 파는 가게임을 나폴리 피자 협회가 인증해주는 표식이다.

이 로고가 만들어진 건 1984년이다. 피자가 세계적으로 인기를 얻자 이탈리아, 특히 피자의 본산 나폴리에서는 '피자가 원형을 잃어간다' 는 불안감에 휩싸였다. 유서 깊은 피자집 주인들이 1984년 전통나폴리피자협회Associazione Verace Pizza Napoletana · AVPN를 결성하고, 정부에 '정통 나폴리 피자 가이드라인' 을 제시했다. 이렇게 피자 맛을 지키려는 노력은 가상하지만 이런 노력이 오히려 피자의 발전을 막는다는 비판도 있다. 피자를 고작 100년 전 만들어진 대로 박제시키면 문화와 사회의 변화에 더이상 적응 못하고 도태돼 사라질 수 있다는 것이다. 일리 있는 지적이다.

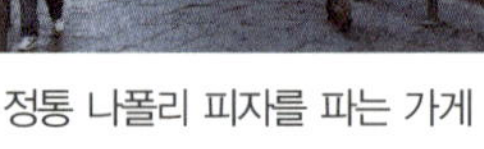

정통 나폴리 피자를 파는 가게

나폴리에서 가장 오래되고 유명한 피자집이다. 1870년 문 연 이래 나폴리를 찾는이들은 모두 이 집에서 피자를 맛보고 갔다고 해도 틀린 말은 아니다. 그러면서도 관광 명소로 전락해 본연의 맛을 잃지 않고 초심을 지키는 피체리아 Pizzeria다. 식당에 도착해 바로 테이블에 앉아 주문하는 할 수 있는 행운은 거의 없다. 문 열고 들어가 바로 오른쪽 카운터에 나이 지긋한 주인에게 번호가 적힌 쪽지를 받아 들고 나가서 번호를 부를 때까지 꽤 한참 기다려야 하는 경우가 대부분이다. 1870년 오픈. 마리나라와 마르게리타 두 가지 피자만 만들며 장작을 땐 화덕에 구워 테두리가 검게 그을린 피자는 구수하고 쫄깃하면서도 부드럽다. 아빠, 엄마와 함께 온 어린 여자아이가 작은 입을 오물거리며 맛있게 피자를 먹는 모습에서 '진짜 맛이란 이런 거구나' 싶었다.

| Via Cesare Sersale 1, 081 553 9204

나폴리 피자 명가 중 하나. 하지만 소박하다 못해 싸구려 느낌까지 나는 가게 외관과 내부, 서민들이 대부분인 손님들까지, 진짜 피자집이란 이런 거구나 싶었다. 다른 집도 마찬가지지만 와인은 없다. 이탈리아에선 피자는 대개 맥주나 콜라를 곁들여 먹는다. 특별한 이유는 나폴리 사람들도 모른다. 원래 그렇게 먹었단다. 하긴 피자는 원래 거리 음식이자 값싼 스낵이었으니 와인보단 맥주나 탄산음료가 어울린다. 길에 서서 먹을 때는 접어서 손으로 들고 먹지만, 보통 피자집에 앉아서 포크와 나이프로 잘라 먹는다. 버펄로 젖으로 만든 진짜 모자렐라치즈를 사용할 경우 오븐에 구우면 물이 많이 생겨서 들고 먹기가 득히 어렵다.

| Via dei Tribunali 94, 081 455262

'진짜 피자집' 느낌이 드는 디 마테오

    나폴리 최고의 피자집을 찾아서 열 집 정도 돌았다. 그리고 내가 찾은, 내 입맛에 최고인 피자집은 바로 이곳 펠로네다. 나폴리 기차역 뒤쪽, 위험한 동네에 있으니 여성 혼자 찾아가기는 어려울 수 있다. 남자인 나도 피자집까지 걸어가기가 약간 두려웠다. 하지만 피자 맛은 두려움을 이기고 찾아간 노력을 보상하고도 남았다. 피자 반죽이나 토마토와 모차렐라 치즈 등 여러 재료의 비율, 굽는 솜씨 등 모든 면에서 최고였다. 개인적으로 2등은 디 마테오였다.

    피자와 함께 프리타티나Frittatina를 반드시 먹어보길 바란다. 나폴리 사람들은 피자를 주문하고 기다리는 동안 대개 이걸 시켜서 먹고 있었다. 마카로니를 베샤멜 소스에 버무려 치킨너깃 사이즈로 빚어 튀김옷을 입혀 튀겨낸다. 탄수화물, 지방, 단백질, 소금의 결합이다. 맛이 없으려야 없을 수가 없다. 씹을 때마다 살이 몸에 들러붙는 소리가 들리는 것 같지만 계속 먹을 수밖에 없었다.

    아린치노Arancino는 쌀과 디진 고기, 채소 따위를 넣고 동그랗게 빚어서 튀긴 음식이다. 아란치노는 작은 오렌지라는 말인데, 딱 그렇게 생겼다. 튀김을 정말 좋아한다면 피자 프리타Pizza Fritta를 먹어봐야 한다. 피자를 반으로 접어서 기름에 통째로 넣고 튀겨낸다. 이 역시 맛없기가 힘든 음식 아닌가. 디 마테오 등 다른 피자집에서도 대개 파는 사이드 메뉴들이다.

┃ Via Nazionale, 081 5538614

Pizze
Cosacca   € 4,50
(Pomodoro e formaggio)
Capricciosa   € 8,00
Quattro Stagioni
Ripieno con Scarole
Salsicce e Friarielli
Tonnata
Miav

벨라 피구라 Bella Figura

No 27

나폴리는 이탈리아에서도 테일러링Tailoring 솜씨가 가장 뛰어난 곳으로 정평이 났다. 이유는 여러 가지가 있겠지만, 그중에서 '벨라 피구라'를 꼽는 이들도 많다. 벨라 피구라는 '아름다운 외모'란 뜻이다. 하지만 단순히 예쁜 얼굴과 쭉빠진 몸매만이 아니다. 얼마나 자신에게 어울리게 잘 차려입는지, 그리고 더 나아가 얼마나 때와 장소에 맞게 행동하고 처신하는지까지 폭넓게 사용된다. 우리말로 하자면 '체면'이라는 뜻으로 쓰일 때가 많다.

이탈리아 사람들은 전반적으로 벨라 피구라에 신경 쓰지만, 특히 남쪽이 심하다. 북쪽보다 못 살지만, 결혼식이나 장례식은 훨씬 화려하다. 남한테 어떻게 보이는지가 굉장히 중요하다. 그렇다 보니 옷에 더 신경 쓸 수밖에 없다. 나폴리를 다니다 보면 옷가게 쇼윈도를 열심히 들여다보는 남자를 자주 본다. 젊은이들뿐 아니라 노인들도 옷에 관심이 높다. 이렇다 보니 테일러링이 발달할 수밖에 없었다는 설명이다.

남성복은 한때 캐주얼에서 다시 클래식으로 유행이 돌아왔다. 쉽게 말해서 남자들이 양복 그러니까 슈트Suit를 다시 입기 시작했단 소리다. 슈트 중에서 나폴리 스타일이 대세다. 나폴리 스타일 슈트는 어깨 심지를 가능한 한 얇게 하거나 아예 빼고, 안감도 대거나 붙이지 않는다. 전통적인 영국 사빌로Saville Row 슈트보다 훨씬 가볍고 편안하다. 버티기 힘들 정도로 덥고 습한 나폴리 날씨 때문에 이렇게 됐다는데, 결과적으로 냉난방이 잘 돼 예전보다 두꺼운 슈트가 필요 없어진 현대사회에 더 적합한 스타일이 됐다. 게다가 훨씬 날렵해 보인다는 장점도 있다.

나폴리 슈트를 몸소 체험해 보고 싶었다. 나폴리의 대표적 슈트 브랜드 중 하나인 이사야Isaia의 밀라노 플래그십 스토어에서 양복을 맞춰봤다. 맞춤 양복은 2번 이상의 가봉이 필요한데, 그때마다 나폴리까지 가기는 너무 멀었다. 밀라노는 내가 살던 파르마Parma에서 기차로 2시간이면 갈 수 있었다.

맞춤 양복도 여러 등급이 있다. 일단 100퍼센트 손바느질로 만드느냐, 아니면 기계로 만들고 손바느질로 마무리하느냐에 따라 가격이 확 달라진다. 100퍼센트 손바느질 맞춤양복은 비스포크Bespoke라고 한다. 기계로 슈트의 대강을 만들고 손바느질로 마무리한 것이 MTMmade-to-measure이다. 그러니까 진정한 맞춤 양복은 비스포크 슈트라고 할 수 있다. 그만큼 비싸다. 내게는 너무 비싸서 MTM으로 맞췄다.

나폴리의 대표적인 슈트 브랜드인 이사야의 밀라노 플래그십

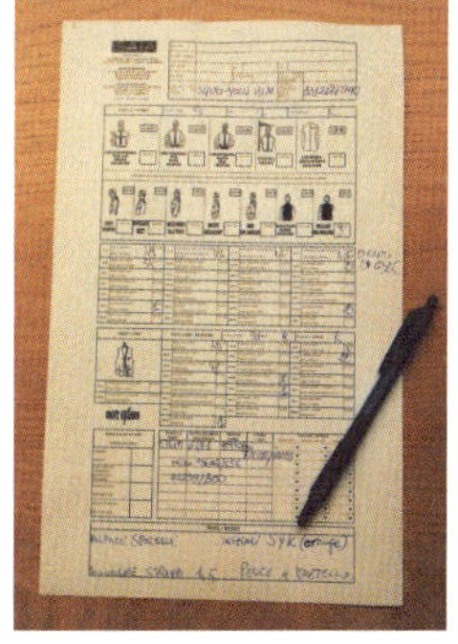

　슈트를 맞추면서 '사르토Sarto'라고 불리는 재단사에게 나폴리 슈트의 특징을 자세히 들었다. 우선 가장 눈에 띄는 특징은 재킷 가슴 주머니이다. 주머니가 납작하지 않고 앞으로 둥그렇게 나와 있다. 이걸 '바르카Barca'라고 부른다. 바르카는 '배'를 뜻한다. 즉 배의 바닥처럼 둥글게 휘었다는 뜻이다. '작은 배'라는 말인 '바르케타Barchetta'라고 부르기도 한다. 사트로는 "평면으로 재단한 천을 둥그렇게 만들려면 기계로는 안되고 손바느질로만 가능하다"고 말했다.

주머니가 둥근 '바르카'

사르토가 "어깨와 소매가 만나는 부분을 보라"고 했다. 셔츠 소매처럼 잔주름이 여러 개 잡혀있었다. "이걸 마니카 카미차라고 합니다. 마니카는 '소매', 카미카는 '셔츠'에요. 셔츠 소매처럼 주름을 잡았단 소리죠. 나폴리 슈트는 암홀armhole이 높고 좁아요. 그래야 재킷이 몸에 꼭 맞거든요. 하지만 소매는 통을 살짝 넓게 해서 편안하게 팔을 움직이게 해요. 이렇게 하다 보니 소매 지름보다 암홀 지름이 좁아져요. 이 둘을 이어 붙이려면 소매에 주름을 잡을 수밖에 없죠. 그래서 마니카 카미차가 나온 거예요. 진짜 손으로 만든 슈트임을 보여주는 표시가 됐죠. 하지만 미국사람들은 이런 걸 잘 몰라요. '옷에 하자가 있다'고 불평해요. 그렇다고 마니카 카미차를 포기할까요? 절대 못 하죠. 소매 윗부분이 아니라 아래쪽, 그러니까 겨드랑이 안쪽으로 주름을 잡지요. 그럼 겉으로 봐선 절대 몰라요."

마니카는 '소매', 카미카는
'셔츠'를 뜻한다.

루비나치는 나폴리 스타일을 만들어낸 곳으로 평가 받는다. 나폴리를 대표하는 다섯 개 브랜드 중 가장 역사가 오래된 곳이기도 하다. 루비나치 가문은 원래 인도에서 비단을 수입해다 팔았다. 나폴리는 이탈리아반도 남부 전역을 영토로 통치한 나폴리왕국의 수도로 수많은 귀족이 있었다. 비단 같은 사치품 수요가 컸고, 가문은 번성했다. 1860년 이탈리아가 통일되자 나폴리는 쇠락했다. 통일 이탈리아에서 나폴리는 변방의 항구도시에 불과했고, 귀족과 그들의 돈이 사라졌다. 루비나치의 비단 무역업은 타격이 심각했다.

가문의 수장이었던 제나로 루비나치는 1931년 원단 수입에서 패션으로 업종 전환을 결정했다. 원단을 수입하다 보니 어떤 재단사가 솜씨 좋은지 알았고, 누가 옷을 살지도 알았다. 나폴리에서 제나로는 스타일 좋기로 유명했고, 많은 이들이 그에게 옷을 만들어 달라고 부탁했다. 그는 영국 스타일에 기반을 두되 새로운 디테일로 변화를 준 슈트를 창조했다. 그것이 바로 나폴리 슈트다.

제나로의 아들 마리아노Mariano가 사업을 더욱 키웠고, 마리아노의 아들 루카Luca가 이어받을 준비를 하고 있다. 마리아노와 특히 루카는 남성잡지에 자주 등장하는 세계적인 패셔니스타이다. 솔직히 전에는 '루카 얘는 뜨려고 오버하는 거 아니야? 조용히 양복 만드는 거나 배워야 하는 거 아니야?' 싶었다. 하지만 요즘은 유명해지는 것, 스스로 유명 브랜드가 되는 것이 궁극적으로 비즈니스에 도움이 될 것이란 생각이 든다.

런던하우스London House는 루비나치의 플래그십 스토어다. 매장을 구경하러 오는 이들이 많은 듯, 잔니Gianni라는 남자직원이 쇼룸 뒤편 작업장까지 친절하게 안내해줬다. 그리고 "사진을 좀 찍어도 되겠느냐"고 하자, 흔쾌히 "그러라"고 하더니 옷을 펼치고 접고 정리하는 모습까지 연기해 주었다. 그를 찍을 생각은 없었는데. 그래도 고마워서 그의 모습도 찍었다.

런던하우스는 오랫동안 있었던 필란지에리 거리Via Filagieri를 떠나 첼라마레궁Palazzo Celamare으로 최근 이전했다. 철 지난 제품을 할인 판매하는 일종의 아웃렛 '루비나치 빈티지'Rubinacci Vintage가 있던 곳이다.

▌Via Chiaia 149(Palazzo Celamare), 081 415793,

▌www.marianorubinacci.net

루비나치의 플래그십 스토어인 런던하우스

이사야는 역사를 내세우지 않는다. 역사가 나폴리의 다른 사르토리아Sartoria 보다 짧기도 하지만, 어떻게 현대에 맞게 생산하느냐를 더 고민하기 때문인 것 같다. 핸드메이드 슈트의 품질을 유지하되 가격을 낮추기 위해 손바느질과 기계바느질을 결합했다. 기계로 대강 만들고 손으로 마무리한다. 물론 100퍼센트 손바느질 슈트도 만들지만, 다른 브랜드와 비교하면 매우 소량이다. 브룩스 브라더스, 폴 스튜어트, 발렌티노 슈트도 여기서 만들어 납품한다. 본사는 많은 유명 재단사가 태어난 도시로 나폴리 외곽에 있는 카잘누오보에 있고, 대표 매장은 밀라노에 있다.

| Via Roma 44 Casalnuovo, 081 5210311, www.isaia.it

아톨리니 _{Attolini}

"진정한 사르토리아 Sartoria 는 아톨리니" 라고 여기는 남성복 마니아가 많다. 나폴리의 대표 사르토리아 중에서 주인이 사르토 sarto 즉 재단사인 곳은 여기 밖에 없다. 루비나치와 이사야는 원단사업을 하던 집이고, 보렐리는 셔츠를 만들던 집이니까. 아톨리니의 시작은 빈첸초 Vincenzo 아톨리니다. 루비나치가 1931년 매장을 열면서 영입한 사르토가 빈첸조다. 재미있는 건 아톨리니는 나폴리 슈트를 자신들이 개발했다고 주장하면서, 1930년 즉 루비나치에게 빈첸초가 고용되기 1년 전 나폴리 슈트를 탄생시켰다고 인터넷 홈페이지에 소개하고 있다.

아톨리니 매장이 있는 거리.

빈첸초의 아들이자 현재 회사 대표인 체사레Cesare도 나폴리 최고의 사트로
이다. 더 대단한 건 그가 바로 손바느질과 기계바느질의 완벽한 결합을 완성한
기술자라는 사실이다. 아버지에게 테일러링을 배운 그는 1957년 토리노에 있
는 큰 남성복 공장에서 수석 테일러로 일하며 기계바느질이 어떻게 이뤄지는
지 배웠다. 그리고 나폴리로 돌아와 어떻게 하면 기계로도 손으로 한 것과 흡
사한 슈트를 만드는 방법을 찾았다. 1970년대 그는 이사야에 영입되어 자신의
노하우를 전수했다.

체사레는 1989년에야 자기 회사를 차렸다. '나폴리 사트로의 고향' 카잘누오
보에 있다. 나폴리매장은 물론 빈첸초의 허름한 양복가게가 있던 자리에 있다.
| Vico Vetriera 12, 081 426826, www.cesareattolini.com

빈체초의 양복가게가 있던 자리에 있는 나폴리 매장

타베르나 델아르테 Taverna Dell'Arte

나폴리 음식을 맛보러 왔다고 하니 B&B 주인 줄리아노가 "그럼 여기를 가봐야 한다"며 소개해준 식당이다. 그러더니 "저녁 한 번 내겠다"고 초대해 밥을 샀다. 얻어 먹어서가 아니라 정말 다 맛있었다. 가격도 와인까지 포함 1인당 40유로 정도로 비싸지 않은 편이다. 산 조반니 마조레 교회Basilica di San Giovanni Maggiore 아래 경사로 계단에 있다.

▎Via Mezzocannone, 081 552 7558

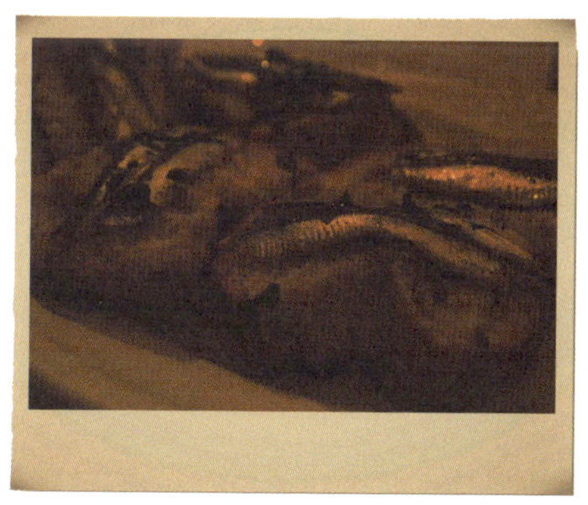

나폴리 전통 음식으로 유명한 '타베르나 델아르테'

일 비아자토레 Il Viaggiatore

나폴리 도심에 이렇게 훌륭한 숙소를 잡을 줄은 상상도 못 했다. 정사각형 중정이 있는 전형적인 이탈리아 도시 주거건물이다. 열쇠 2개를 열고 들어가 철골과 유리로 된 고풍스러운 엘리베이터를 타고 올라가 다시 열쇠 2개로 현관문을 따고 들어간다. 불편하기도 하지만 나폴리라는 절대 안전하지 않은 도시에서 꽤 안심할 수 있었다. 인테리어나 가구, 침대보 따위가 고급스럽다. 가격은 시즌에 따라 다르겠지만, 비수기인 겨울에 친구의 소개로 왔기 때문인지 1박 60유로를 내고 지냈다. 아침 식사는 물론 포함된다. 나폴리 중산층이 어떻게 사는지 체험하고 싶다면 강력추천이다.

| Via Cisterna dell' Olio 13, 081 4206173, www.ilviaggiatore-napoli.it

전형적인 이탈리아 도시 주거건물

'파르네제와 폼페이.' 나폴리 국립 고고학박물관은 이 두 단어로 이뤄진 것 같았다. 이 박물관은 유럽에서 손꼽히는 고대 그리스와 로마 유적을 소장했는데, 이 소장품이 파르네제Farnese 가문이 로마 유적에서 발굴한 것들, 아니면 근대 폼페이Pompeii에서 발굴한 것들이기 때문이다.

파르네제는 이탈리아 북부 도시 파르마Parma와 그 주변을 영지로 가졌던 유력 가문이다. 이 집안 출신으로 르네상스가 한창이던 1468년 태어난 알레산드로Alessandro는 피사대학교와 피렌체 메디치 가문의 궁정에서 인문학 소양을 키운 뒤 로마에서 추기경에 임명됐다. 르네상스는 고대 예술과 건축에 대한 관심을 일으켰고, 유적 발굴이 성행했다.

알레산드로 추기경은 자신과 가문의 권력과 재력을 동원해 발굴된 고대 조각품을 탐욕스럽게 긁어모았다. 1535년 교황 바오로 3세로 선출된 그는 더욱 커진 영향력을 이용해 로마 주변에서 발견된 유적을 노소리 차시했다. 바오로 3세가 수집한 고대 유적은 역시 그가 지은 로마의 저택 팔라초 파르네제Palazzo Farnese에 소장됐다.

그럼 어떻게 파르네제 가문의 보물들이 나폴리에 오게 됐는가? 18세기 파르네제 가문의 엘리자베타Elisabetta는 스페인 국왕 펠리페Felipe 5세와 결혼해 낳은 아들 카를로를 낳았다. 카를로는 아버지로부터 스페인과 나폴리, 시칠리아 왕위를 물려받아 카를로 3세가 됐다. 그리고 어머니로부터는 파르네제 가문의 방대한 예술품 컬렉션을 상속했다. 파르네제 컬렉션은 카를로 3세에 의해 그의 이탈리아반도 통치거점 나폴리로 옮겨졌고, 오늘날까지 나폴리에 남게 됐다.

폼페이는 서기 8월 24일 베수비오 화산이 폭발하면서 7미터 높이로 쌓인 용암과 화산재로 덮였다. 폼페이는 19세기 체계적으로 발굴되기 시작했다. 로마인들이 살던 당시 모습이 용암과 화산재로 완벽하게 보존된 상태였다. 폼페이와 인근 헤라클라네움에서 발굴된 중요 유적들이 나폴리 고고학박물관에 소장돼 있다. 영어 청취가 자신 있다면 오디오 안내 대여를 권한다. 대여료가 아깝지 않을 것이다.

| Piazza Museo Nazionale 19, 081 4422149,

| cir.campania.beniculturali.it/museoarcheologiconazionale

고대 그리스와 로마 유적을 소장한
국립 고고학박물관

크다고 해도 이만할 줄은 상상 못 했다. 과장 조금 보태 작은 언덕만 하다. 1546년 로마 카라칼라 목욕탕에서 발견됐다. 현재까지 찾은 고대 조각품 중에서 가장 크다. 그리스에서 만들어진 청동 원본을 로마에서 대리석으로 복제한 작품으로 추정된다. 바오로 3세는 작품이 발굴되자 즉시 팔라초 파르네제로 옮겨 미켈란젤로에게 복원을 맡겼다.

거대한 황소가 두꺼운 목을 비틀며 저항한다. 두 젊은이가 겁에 질려 울부짖는 여인을 황소의 뿔에 밧줄로 묶으려 한다. 여인은 그리스신화에 나오는 테베의 왕비 디르케. 젊은이들은 제우스가 안티오페를 겁탈해 낳은 암피온과 제토스다. 자신들의 어머니 안티오페를 학대하다 디오니소스 신에게 바치려던 디르케에게 복수하는 장면이다.

디오니소스는 자신을 열렬히 받들던 디르케를 죽인 보복으로 안티오페를 미치게 만들었고, 디르케가 황소의 뿔에 찔려 죽은 자리에 샘이 솟게 했다고 신화는 전한다. 그래서 이 조각품이 목욕탕에 있었던 듯하다. 꼭대기에서 솟아난 물이 황소의 다리와 디르케의 치맛자락을 타고 흘러내리는 목욕탕이라니, 상상만 해도 멋졌을 것 같다. 미켈란젤로도 이 대리석상을 복원해 분수로 만들어 팔라초 파르네제 정원에 설치하려 했었다.

No 38

파르네제 황소와 함께 카라칼라 목욕탕에서 발굴됐고, 팔라초 파르네제 궁에 전시됐다가 18세기 나폴리로 옮겨졌다. 그리스 청동 원본을 확대 복사한 4세기 로마 대리석 조각품이다. 헤라는 제우스가 딴 여자와 사이에 낳은 헤라클레스를 미워했다. 헤라의 저주로 정신착란을 일으킨 헤라클레스는 자기 자식들을 죽여버렸다. 정신이 돌아온 헤라클레스는 델포이 신탁에 "어떻게 죄를 씻을 수 있겠느냐"고 물었다. 신탁은 티린스 왕을 12년 동안 섬기며 왕이 명하는 12가지 어려운 일을 해내면 죄를 씻을 뿐 아니라 영생불사永生不死의 존재 즉 신이 될 거라고 말했다.

이에 따라 헤라클레스가 티린스 왕 에우리스테우스에게 명 받은 것이 '헤라클레스의 12가지 공업'功業이다. 작품은 헤라클레스가 12공업을 수행하는 중 잠시 휴식하는 순간으로 네메아의 사자에서 벗긴 가죽이 그의 몽둥이에 걸쳐져 있고 요정이 지키는 동산에서 훔친 황금사과를 뒷짐진 오른손에 쥐고 있는 걸 보면 제1번부터 11번 공업을 성공적으로 마치고 이제 마지막 과업인 저승을 지키는 개 케르베로스를 산 채로 잡아오는 일만 남긴 순간으로 보인다.

왼쪽 겨드랑이에 몽둥이를 끼워 기대고 서있는 헤라클레스는 정말 피곤해 보인다. 고된 노동에 지친 로마인들이 이 헤라클레스상을 보면서 대단히 공감했을 것 같다. 정신노동에 시달리는 현대인도 그 피로감을 자기 것으로 느낄 수 있다. 그 피로를 말끔히 씻어버리라고 카라칼라는 이 조각상을 목욕탕에 세우게 했던 것인지 모르겠다.

알렉산드로스 모자이크Il Mosaico di Alessandro

가로 5.82미터, 세로 3.13미터로 알렉산드로스가 페르시아 다리우스와 전투에서 승리하는 모습을 담은 고대 모자이크화 중 가장 규모가 크고 표현이 정교한 작품으로 평가된다. 1831년 폼페이 카사 델 파우노Casa del Fauno에서 발굴됐다. 예상치 못한 패배에 대한 당혹감과 불안감이 다리우스의 얼굴에 고스란히 드러난다. 하지만 청년 알렉산드로스의 표정에는 기쁨이나 만족감이 드러나지 않아 보였다. 그런 걸 느끼기엔 아직 어렸기 때문일까, 아니면 당연히 전투에서 승리할 것이라 예상했을 정도로 자신만만했던 걸까.

알렉산드로드와 다리우스의 전투

"

노란 개나리색 튜닉Tunic을 걸친 여성이 꽃을 따 모으는 모습을 초록색 바탕에 그렸다. 폼페이 한 주택 침실에 그려진 벽화다. 여인인지 여신인지는 확실치 않지만, 플로라로 알려졌다. 플로라는 로마신화에 나오는 꽃과 봄의 여신이다. 따뜻한 봄바람에 살랑살랑 흔들리는 옷자락이나 꽃을 따는 자태가 곱고 우아하다. 작지만 오랫동안 관람객을 붙들어 두는 매력을 가진 작품이었다.

꽃과 봄의 여신, 플로라

빵집 주인 테렌티우스 네오 부부 초상화다. 당시 빵집 주인이라면 그리 부자도 아니고 교육도 받지 않았을 텐데, 귀족의 토가Toga를 입고 파피루스 문서를 들고 있다. 또 아내는 값비싼 진주 귀걸이와 금목걸이를 착용하고 철필과 서판을 들고 있다. 강한 신분상승 욕구가 읽히는 그림이다. 고대 회화 수준이 얼마나 높았는지를 보여주는 걸작으로, 박물관을 소개할 때 빠지지 않는다.

테렌티우스 네오 부부의 초상화

가비네토 세그레토 Gabinetto Segreto

　　박물관 1층(한국식으론 2층)에 있는 '비밀의 방'은 20세기 초까지 학자들 외에는 공개되지 않았다. 로마 유적에서 발견된, 성性을 적나라하게 표현한 유물을 모아놓은 전시실이다. 거대하게 발기한 남성 생식기 모양의 등불, 그리스신화의 목신牧神 판이 염소를 드러눕히고 성교하려는 장면을 묘사한 조각 따위를 보다 보면 민망한 느낌이 들기도 한다. 다양한 체위를 자세하게 묘사한 그림은 창녀의 집을 찾은 손님이 원하는 서비스를 선택하라고 내놓은 '메뉴판'이었다. 다들 킥킥대거나 얼굴이 벌게져 전시실을 나온다.

카를로 3세가 나폴리 북쪽 언덕 꼭대기에 지은 왕궁이다. 왕궁 전체는 카포디몬테 공원Parco di Capodimonte로 지정되어 공짜로 들어갈 수 있다. 왕궁 건물은 미술관과 전시실Museo e Gallerie di Capodimonte로 사용되고 있다.

카포디몬테 미술관에서도 파르네제 컬렉션이 핵심이다. 1층(한국식으로는 2층) 전시실에는 티치아노의 대표작이 한복판에 걸려있다. 이 그림은 한국에서 '교황 바오로 3세와 알레산드로 파르네제, 그의 동생 오타비오 파르네제'로 알려졌지만, 어쩌면 '교황 바오로 3세와 손자들'로 제목을 바꿔야 할지도 모르겠다. 알레산드로와 오타비오는 바오로 3세의 손자들이기 때문이다. 바오로 3세는 젊었을 때 귀족 여성 실비아 루피니Silvia Ruffini를 정부情婦로 삼아 네 명의 사생아를 낳았다. 당시 성직자가 여성과 사실혼 관계를 유지하며 자식을 갖는

건 숨길 필요도 없는 일이었다. 교회는 권력, 교황은 최고 권력자, 성직자는 귀족 정도로 여겨지던 시대였다.

카포디몬테 미술관의 파르네제 컬렉션

유명한 걸작이 워낙 많아서 뭘 보라 말하기 어렵다. 개인적으로 인상 깊었던 작품은 다음과 같다. 파르미자니노Parmigianino가 그린 '안테아Antea'는 관람자를 뚫어지게 쳐다보는 눈빛이 야릇하면서도 강렬하다. 16세기 플랑드르 대표 화가 피터 브뤼겔Bruegel의 '장님 우화Parabola dei Ciechi'는 "소경이 소경을 인도하면 둘 다 구덩이에 빠지리라"는 신약 성경 마태복음 말씀을 유머러스하게 묘사했다. 근대 이전 보기 드문 여성화가인 아르테미지아 젠틸레스키Artemisia Gentileschi의 '홀로페르네스의 목을 치는 유딧Giuditta e Oloferne'은 미모의 유대인 미망인 유딧이 아시리아 장군의 침소에 찾아가 그를 유혹해 안심시킨 뒤 목을 베고 나라를 구한 이야기를 그렸는데, 여성을 강한 주인공으로 부각한 점이 매우 현대적이란 인상을 받았다. 왕과 왕족이 살던 식당과 응접실을 원래 모습 대로 보존한 전시실도 볼 만하다.

입장료 7.5유로, 수요일 휴무.

❙ Via Milano 2, 081 7445032

❙ www.polomusealenapoli.beniculturali.it

카포디몬테 왕궁의 미술관과 전시실

라 스탄차 델 구스토 La Stanza del Gusto

아마도 나폴리에서 가장 창조적인 음식을 내는 레스토랑일 듯하다. 마리오 아발로네Mario Avallone 셰프는 전통 요리를 자신만의 아이디어로 재해석해 낸다. 예를 들어 '비라미수'birramisu는 고전적인 이탈리아 케이크 티라미수에 에스프레소 커피를 흑맥주로 대체했다. 예상과 달리 전혀 이상하지 않고 아주 맛있다. 레스토랑 아래 1층 스퀴지테체Squisitezze는 아발로네 요리사의 음식을 조금 더 저렴하게 맛볼 수 있는 오스테리아 겸 치즈바다.

▌Via Constantinopoli 100, 081 401578

▌www.lastanzadelgusto.com

창조적 음식을 맛볼 수 있는 '라 스탄차 델 구스토

081
fo@lastanzadelgusto.com
www.lastanzadelgusto.com
la stanza del gusto
RISTORANTE
100
100ᴬ
CAFFE'
BIO-FRULLATI
ITALIAN COCKTAIL
SPESA
BIOLOGICA
E
SIAMO
APERTI
A PRANZO
MEZZOGIORNO
ALLA STANZA
PIATTO UNICO
DESSERT·CAFFÈ
VINO E ACQUA
13,00 EURO

중고책방 거리

단테 광장Piazza Dante와 아치형 문 포르탈바Port' Alba 사이에 중고책방이 모여있다. 책이 빽빽하게 들어찬 상자를 책방마다 거리에 늘어놓고 손님을 불러 모은다. 주변 대학에 다니는 학생들이 대부분이지만, 서점 주인과 수다 떨면서 한참 책을 훑어보는 나이 지긋한 양반들도 꽤 있었다. 이탈리아어를 몰라도 재미있게 볼 수 있는 화보도 많다.

중고 책을 살수 있는 엔틱한 거리

3

베네치아

Venezia

전문Introduction
No 1

"베네치아에 뭐하러 가? 관광객들만 득실대는데. 거긴 디즈니랜드라고. 진짜 이탈리아가 아니야." 베네치아에 간다고 하면, 이탈리아 친구들은 이렇게 말했다. 베네치아는 진정한 이탈리아

의 문화나 사람 사는 모습을 볼 수 있는 곳이 아니란 뜻이다.

맞는 말이다. 시민(20만 명)보다 훨씬 많은 1,500만 관광객이 매년 찾는 도시. 당연히 진짜 베네치아 사람들이 사는 모습은 힘들다. 물가는 무지하게 비싸고, 관광객들이 뿌리고 가는 돈으로 먹고살면서도 시민들은 관광객들을 달가워하지 않는다. 바가지 쓰거나 사기당하지 않으면 오히려 이상하다.

하지만 산 마르코 광장이나 리알토 다리 따위 관광명소에서 조금만 벗어나면 진짜 베네치아 사람들의 일상을 볼 수 있는 곳들이 좁은 수로와 골목 속에 숨어있다. 그리고 베네치아 부둣가 허름한 건물 5층에 세 들어 살면서 '여인의 초상'을 쓴 작가 헨리 제임스의 말을 실감할 수 있다.

"친애하고 연로한 베네치아는 얼굴도 몸매도 자긍심도 잃었지만, 그런데도 불구하고 너무나 놀랍게도 기품만은 조금도 잃지 않았다."

산타 루치아 열차역 F. S. Santa Lucia

No 2

베네치아는 열차역이 바다 위에 있다. 베네치아 바다 건너편 이탈리아 반도 끄트머리에 있는 메스트레Mestre역과 산타 루치아 역은 다리로 이어져 있다. 열차는 이 다리를 건너 산타 루치아에 도착한다. 역에서 나오면 르네상스 베네치아 화파 화가들의 그림에서 보던 찬란한 하늘이 펼쳐진다. 역 앞으로 길 대신 운하Canale가 흐르고, 차 대신 배가 전 세계 관광객을 도시 곳곳으로 실어 나른다.

산타 루치아의 하늘

배가 오기를 기다리는 관광객

　베네치아의 대중교통수단은 수상버스다. 이탈리아어로 '바포레토vaporetto', 영어로는 '워터버스waterbus' 라고 한다. 다른 도시에 길을 따라 버스 정거장이 있듯, 베네치아에는 운하를 따라 바포레토 정거장인 '아프로도' 가 있다. 베네치아는 대놓고 관광객을 차별한다. 관광객은 주민보다 더 돈을 내야 바포레토 승선권을 살 수 있으며, 승객 1인당 여행 가방 하나씩만 들고 탈 수 있다. 대운하Canal Grande를 건넌다면 '트라게토Traghetto' 를 이용하는 것이 좋다. 대운하 이쪽에서 저쪽을 오가는 곤돌라다. 짧지만 저렴하게 곤돌라 탑승 체험하는 방법도 된다. 대운하 곳곳에 트라게토 정거장이 표시돼 있다.

아포레토 주변 모습

산타 루치아 역 앞 로마노 광장Piazzale Romano에 바포레토 정거장이 있다. 나는 산 마르코 광장 근처 숙소에 가려고 1번 바포레토를 탔다. 바포레토는 베네치아라는 진주를 꿰는 실처럼 대운하를 관통했다. 15세기 프랑스 작가 필리프 드 코민은 대운하를 "세계에서 가장 멋진 거리"라고 표현했다. 대운하는 길이 3.5킬로미터에 폭 최대 100미터로, 베네치아에서 가장 길고 넓은 길이다. 12세기부터 18세기까지 세워진 화려하고 장대한 팔라초palazzo들이 대운하를 따라 100개 넘게 늘어섰다.

베네치아는 S자로 휘어진 대운하를 가운데 두고 두 물고기가 서로 입을 물고 있는 모습이다. 바포레토는 대운하를 제대로 감상하기에 가장 알맞고도 저렴하다. 로마노 광장을 출발한 바포레토가 리바 디 비아시오Riva di Biasio 정거장을 지나자 폰다코 데이 투르키Fondaco dei Turchi가 보였다. 베네토–비잔틴 건축양식의 걸작으로 평가받는 이 건물은 터키 상인들의 창고였다. 지금은 시립 자연사박물관Museo Civico di Storia Naturale로 이용되고 있다. 르네상스 양식 건물인 팔라초 벤드라민–칼레르지Palazzo Vendramin-Calergi는 리하르트 바그너가 1883년 숨을 거둔 곳으로 현재 카지노가 있다. 벤드라민–칼레르지를 지나 얼마 지나지 않아 르네상스 양식의 건축물인 카 페사로Ca' Pesaro가 대운하 왼쪽으로 모습을 드러낸다. 현대미술관Galleria d' Arte Moderna과 동양미술박물관Museo d' Arte Orientale이 이 건물에 있다. 그 유명한 카 도로Ca d' Oro나 대운하 왼편에 보인다. 베네치아에서도 가장 아름다운 고딕 양식 건축물로 꼽힌다. 바

S자로 휘어진 베네치아의 모습

포레토가 대운하를 따라 천천히 오른쪽으로 돌자 수산시장인 페스카리아
Pescaria가 오른편에 있고, 리알토 다리Ponte di Rialto가 나오기 직전 왼쪽으로 폰
다코 데이 테데스키Fondaco dei Tedeschi가 보인다. 베네치아 전성기 가장 중요
한 무역회사였으며 지금은 우체국이 있다.

드디어 리알토가 정면에 보인다. 바포레토가 리알토 아래를 지나면 왼쪽으

150

로 팔라초 그리마니Palazzo Grimani, 팔라초 코르네르-스피넬리Palazzo Corner-Spinelli가 차례로 모습을 드러낸다. 코르네르 스피넬리를 지나면 대운하는 왼쪽으로 급하게 휜다. 우안右岸에 카 포스카리Ca' Foscari가 있다. 베네치아 최고 통치자인 도제doge를 지냈던 프란체스코 포스카리가 지은 후기 고딕 양식 건물이자 베네치아 최고의 건물 중 하나로 꼽힌다. 지금은 대학 건물로 사용되고 있다. 이어 왼쪽으로 문화전시공간으로 사용되는 팔라초 그라시Palazzo Grassi와 18세기 미술품이 전시된 카 레초니코Ca Rezzonico가 마주 보고 있다. 나무로 된 폰테 델 아카데미아Ponte dell' Academia 아래를 지나면 오른쪽으로 팔라초 베니 에르 데이 레오니Palazzo Venier dei Leoni가 있다. 미국인 갑부 페기 구겐하임이 살았고 지금은 그녀가 남긴 현대미술을 수장하고 전시하는 페기 구겐하임 컬 렉션Peggy Guggenheim Collection 미술관이 있다. 맞은편 좌안左岸에 담쟁이덩굴 로 뒤덮인 팔라초 코르네르Palazzo Corner가 산타 마리아 델 질리오Santa Maria del Giglio 정거장 옆에 있다. 코르네르는 그 장대한 규모 때문에 카 그란다Ca' Granda라고 불리기도 한다. 이제 대운하는 거의 끝이 났다. 눈앞에 바다가 펼쳐 지면서 산 마르코 광장이 왼쪽으로 보인다. 대운하 맞은편 거대한 교회는 어쩐 지 눈에 익을 것이다. 산타 마리아 델라 살루테Chiesa Santa Maria della Salute이다. 흑사병이 휩쓸고 지나간 뒤 살아남은 사람들이 신에게 감사하는 마음을 담아 기금을 모아 세운 교회다. 베네치아 엽서나 사진에 빠지지 않고 배경으로 등장 하는 교회이기도 하다. 바포레토가 마지막 정거장인 산 마르코 광장에 멈춰 섰다.

산 마르코 광장 Piazza San Marco

No 5

나폴레옹이 "세상에서 가장 아름다운 응접실"이라고 한 이 광장은, 이제 "세계에서 가장 아름다운 대합실"이다. 전 세계 관광객들이 몰려든다. 산 마르코 광장은 이 도시의 핵심으로, 베네치아인들의 영혼을 지배한 교회와 육체를 지배한 총독궁이 여기에 있다. 유럽에서 가장 오래된 카페와 가장 비싼 호텔들도 여기 모여있다. 광장 중앙에는 베네치아의 수호신인 날개 달린 사자상과 성테오도르상이 있다.

대합실을 오가는 사람들

산 마르코 광장 주변

산 마르코San Marco

No 6

산 마르코 그러니까 성聖 마가는 베네치아의 수호성인이지만, 9세기까지 베네치아의 수호성인은 성 테오도르Theodore였다. 하지만 베네치아는 교회 위계질서에서 더 급이 높은 성인으로 바꾸고 싶어 했다. 그러나 자신보다 더 큰 힘과 돈을 가진 도시와 수호성인이 겹칠 경우 그 도시에 예속되거나 휘둘릴 수 있어 아무 성인아니 모실 수 없었다. 그러다 찾은 게 복음전도사이자 신약성경의 마가서를 쓴 마가였다. 마가가 죽기 얼마 전 로마로 가는 길에 리알토 근처에 머물렀는데, 이때 날개 달린 천사가 나타나 "네 육신이 베네치아에 머물 것이다"라고 말했다는 거다. 마가는 몇 년 뒤 죽었고 이집트 알렉산드리아에 안장됐다. 828년 교역하러 알렉산드리아에 온 베네치아 상인 둘이 깊은 밤 마가의 시신이 안치된 지하묘지를 찾았다. 묘지 지기를 설득해 마가의 시신을 빼내는 데 성공해 배에 실어 베네치아로 모셔왔다. 시민들은 열렬히 시신과 도굴범들을 환영했다. 당시 도제였던 주스티니안 파르테지파치오Giustinian Partecipazio는 마가를 모실 교회 건축을 명령했다. 이 교회가 산 마르코 바실리카Basilica di San Marco이다. 성 테오도르는 조용히 도시의 수호성인에서 '명퇴' 당했다. 1063년 교회를 재건하기 위해 해체했을 때 마가의 시신이 사라졌다고 한다. 수호성인의 시신이 사라졌으니, 베네치아에서는 난리가 났다. 1094년 파괴된 교회를 재건할 때 '기적'이 일어났다. 큰 기둥인 부서지면서 마가의 시신으로 추정되는 잔해가 나왔다. 다른 도시들은 '기적이 아니라 계략'이라고 의심했지만, 시민들은 잔해를 모아 산 마르코 바실리카 제단 아래 모셨다.

유럽에서 가장 부자 도시였던 베네치아답게 돈을 쏟아부어 교회를 만들었다. 값비싼 금은보석과 대리석을 아끼지 않고 사용해 장식했다. 유럽에서 가장 화려하고 아름다운 교회가 되었다.

쏟아지던 비가 갑자기 멈추더니 구름이 걷히면서 유난히 파란 하늘이 드러나고 햇볕이 쏟아졌다. 그 햇살을 받아 산 마르코 교회가 반짝반짝 빛났다. 진짜 금과 은과 보석만이 낼 수 있는 진하면서도 밝은 광채가 지금도 눈 감으면 생생하다.

위가 뾰족한 로마네스크 스타일 아치 밑에 놓인 청동 말 네 마리는 복제품이다. 진짜 '성 마가의 말'들은 교회 안 로지아 데이 카발리 Loggia dei Cavalli에 있다.

청동 말은 지금은 이스탄불이라 불리는 콘스탄티노플에서 1204년 약탈해왔다. 2세기 고대 로마시대 만들어진 것이 거의 확실하고, 현존하는 로마시대 청동조각상이 드물어 미술사적으로 꽤 중요하다.

교회 바닥은 여러 색깔의 대리석이 정교한 기하학 문양으로 깔려있다. 천장과 돔 안쪽은 모자이크로 장식됐는데, 무엇 하나 빠지지 않는 걸작들이다. 종교 또는 기독교적으로는 북쪽 수랑 transept 예배당에 있는 '니코페이아의 마돈나'가 가장 중요하다. 니코페이아의 마돈나는 비잔틴 황제의 군대가 행진할 때 앞세우던 성상聖像으로, 역시 1204년 콘스탄티노플에서 훔쳐왔다.

공식적으론 교회이지 관광지가 아니므로 입장료는 없다. 대신, 살을 너무 드

러내면 안 된다. 긴 팔 셔츠와 발목까지는 내려오는 치마나 바지를 입는 편이 낫다. 교회 출입구에 서 있는 직원이 노출이 너무 심하다고 판단하면 입장을 막는다. 가방도 들고 들어가지 못한다. 칼레 산 바소Calle San Basso쪽 입구에 짐 보관소가 있다. 청동 말이 있는 갈레리아, 보물 수장고 등 교회 내 부속 기관은 입장료를 받는다.

입장할 때까지 줄 서서 오래 기다리는 건 감수해야 한다. 싫다면 웹사이트 www.alata.it에서 최소 이틀 전 관람 희망 시간을 예약할 수 있다. 물론 웹사이트가 제대로 돌아간다면 말이다.

┃ 041 522 5205, www.basilicasanmarco.it

산 마르코 교회 모습

산 마르코 교회의 종탑. 높이 99미터로, 베네치아에서 높은 건물 중 하나이다. 가장 한눈에 내려다보이는 도시 전경은 입장료가 아깝지 않다. 다섯 개 종이 각각 다른 소리로 일과의 시작과 끝, 공개 처형 등을 알렸다.

종탑이 가장 큰 소리를 낸 건 1902년 7월 14일 오전 9시 52분이었다. 종탑이 무너져 내린 것이다. 베네치아 시민들은 '원래 있던 자리에 원래 있던 모습으로 복원한다'고 다짐했다. 캄파닐레는 10년 뒤인 1912년 성 마가의 날 공식 재개관했다.

도제궁 또는 총독궁Palazzo Ducale

이곳은 베네치아 총독 '도제'가 살던 곳이며 모든 정부 의사결정이 이뤄지던 권력의 핵심이었다. 중세와 비잔틴, 이슬람 양식이 뒤섞인 건물은 세계와 교역하며 부를 쌓은 베네치아의 특질을 고스란히 드러낸다. 분홍색 베로나Verona산 대리석과 하얀 이스트리아Istria산 대리석으로 비단 실로 수 놓듯 정교하게 짜 맞춘 파사드façade가 너무 아름답다. 중정courtyard로 들어가 '거인들의 계단'이란 뜻의 스칼라 데이 지간티Scala dei Giganti로 2층으로 올라가면서 본격적인 도제궁 투어가 시작된다.

| 041 271 5911, www.museiciviciveneziani.it

　　1297년 '대大 의회 종결'Serrata del Maggior Consiglio, Closure of the Great Council 이란 법률을 제정했다. 이 법률에 따라 베네치아 귀족 남성 명단이 작성됐다. 이 명단은 이후 명문가문 사람들의 출생과 결혼을 기록한 '황금의 책'Libor d'Oro으로 대체됐다. 이 명부에 오르지 않은 남성은 공직에 나설 수 없었다. 14세기 초 베네치아 헌법이 완성됐고 나폴레옹에 의해 베네치아 공화국이 공식적으로 없어질 때까지 유지됐다.

　　베네치아 정부는 다른 이탈리아 도시국가에 비해 안정된 편이었다. 각종 위원회와 정부기관이 서로 권력을 견제하며 균형을 잡았기 때문이다. 젊은이들

의 정치참여를 배제했기 때문이라고 주장하는 사학자들도 있다. 하여간 베네치아에선 중년 이상이라야 일정한 책임과 권한을 가진 자리에 오를 수 있었다. 대의회는 25세 이상부터 참여할 수 있었고, 중간 간부급 직책은 45세 이상이라야 맡을 수 있었다. 1400년부터 1600년까지 최고지도자인 도제 취임 평균연령은 72세였다. 당시 유럽의 평균연령이 마흔에 불과했다는 점을 감안하면 엄청난 고령이다. 그러고 보니 서양 문헌에 도제는 언제나 늙고 현명한(교활한) 인물로 묘사되던데, 그건 어쩌면 당연했던 거다.

탄식의 다리 *Ponte dei Sospiri*

도제궁 유치소에 수감됐다가 재판을 거쳐 정식으로 형기를 받은 죄수들이 이 다리를 건너 감옥으로 가면서 탄식했다던가. 하지만 진짜 큰 형刑을 언도 받은 이들은 도제궁 지하 피옴비Piombi에 수감됐으니 안도의 한숨이었을지 모른다.

나는 다른 이유로 탄식했다. 광고를 이렇게 어쩌면 초현실적으로 아름답게 만들었을까.

'탄식의 다리' 모습

피아제타 산 마르코Piazzetta San Marco

№ 12

　산 마르코 광장에서 부두 사이 있는 작은 광장이다. 너무 작고 지나다니는 사람이 너무 많아 광장이라기보다 길의 일부처럼 보인다.

　광장 한복판에 기둥 둘이 서 있는데, 꼭대기에 날개 달린 사자와 성인이 모셔져 있다. 날개 달린 사자는 마가를 상징한다. 성인마다 상징물이 있다. 성 마가는 요한계시록에 날개 달린 사자로 묘사됐고, 이것이 그의 상징이 됐다. 성인은 성 테오도르이다. 베네치아 시민들이 그를 수호성인 자리에서 끌어내리긴 했지만 미안했던 모양이다. 흉악범과 베네치아와의 전쟁에 패한 적대국 포로들, 사회질서를 문란하게 한 이들이 이 광장에서 공개 처형했다.

길의 일부처럼 보이는 광장

저 멀리 보이는 날개 달린 사자와 성인의 모습

산소비아나 도서관 Libreria Sansoviniana

No 13

　　산 마르코 광장을 둘러싼 도서관. 곰브리치는 '서양미술사'에서 이렇게 설명했다. "이 건물을 지은 건축가는 피렌체 출신의 야코포 산소비노인데 그는 자신의 양식과 작품을 그 도시 특유의 분위기, 즉 환초로 둘러싸인 해변에 반사되어 눈부시게 화려한 베네치아의 밝은 빛에 어울리도록 완벽하게 적응시켰다. … 이 건물은 친퀘첸토의 베네치아 미술을 유명하게 만든 이 도시 특유의 취향을 특징적으로 보여준다. 사물의 예리한 윤곽을 희미하게 만들고 휘황찬란한 빛 속에 사물의 색채들을 뒤섞이게 하는 환초로 둘러싸인 해변의 분위기가, 지금까지 이탈리아의 다른 도시의 화가들이 해왔던 것보다 이 도시의 화가들이 더 신중하고 민감하게 색채를 사용하게 했는지 모른다. 또한, 콘스탄티노플이나 그곳의 모자이크 장인들과 접해왔던 것도 어쩌면 이러한 경향을 낳게 된 하나의 원인이 되었을지도 모른다."

비 오는 날 밤에 보는 도서관 모습

카페 플로리안 Caffe Florian

관광객이 버글거릴 걸 알면서도 가지 않을 수 없는 역사적 명소가 베네치아에는 많다. 카페 플로리안이 대표적이다.

카페 플로리안은 유럽에서 가장 오래된 카페로, 1720년 플로리아노 프란체스코니Floriano Francesconi가 열었다. 유럽사람들은 테라스를 선호한다. 카페에서 고용한 악사들이 음악을 연주하면 관광객들이 비둘기처럼 모여든다. 거울과 금박과 프레스코화로 벽을 장식하고, 샹들리에가 불을 밝히며, 대리석 테이블과 벨벳 의자가 놓였다. 흰 제복에 보타이를 맨 나이 지긋한 웨이터들이 정중하지만 약간은 거만한 듯한 태도로 커피와 차를 최고급 차이나에 따른다. 카페 플로리안을 브랜드화해 커피와 홍차를 만들어 멀리 일본까지 팔고 있다.

테라스 자리를 정리하는 웨이터

테라스에서 차를 마시는 사람들

네 가지 향수도 만들었다. 실내 4개 방에서 영감을 얻었다고 한다. '우오미니 일르스트리Uomini Illustri(명사들)', '오리엔탈레Orientale(동방)', '스타지오니 Stagioni(사계)', '세나토Senato(상원)'이다. 노테Notte 부자가 네 방에 그린 프레스코화 주제이기도 하다.

베네치아에서는 모든 것이 비싸지만, 여기는 특히 심하다. 커피 한 잔에 12유로. 이탈리아 다른 지역에서 대개 1유로, 비싸 봐야 2유로쯤 하는 걸 생각하면 굳이 여기서 마실 필요가 있을까 싶기도 하다. 하지만, 카페가 아니라 유명 관광지 입장료를 지불한다고 생각하면 그리 비싸지 않은 것일 수도 있겠다.

❙ Piazza San Marco 55−59, 041 520 5641, www.caffeflorian.com

카페 플로리안 메뉴와 커피 그리고 홍차

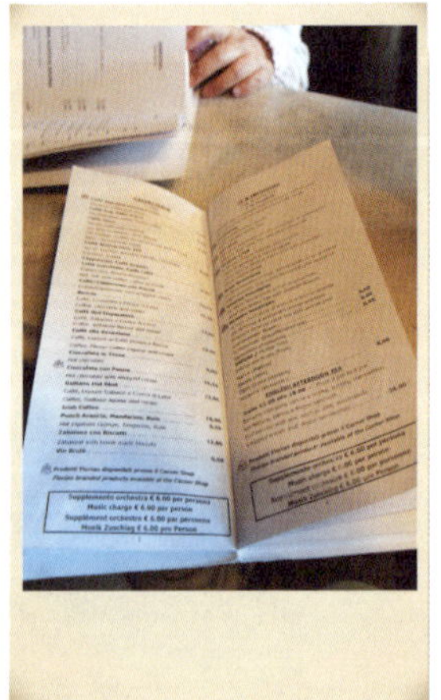

산 조르지오 디 마조레 San Giorgio di Maggiore

산 마르코 광장에 있는 종탑에선 이 종탑이 들어간 사진을 찍을 수 없다는 단점이 있다. 이 단점은 산 조르지오 디 마조레 교회로 가면 해결된다.

이 교회 종탑은 베네치아 전경을 촬영하기 제일 좋은 포인트다. 캄파닐레와 도제궁, 산 마르코 교회와 광장이 한눈에 들어온다.

르네상스 최고 건축가 팔라디오가 설계한 교회 자체도 볼 만하다. 틴토레토 최고 걸작으로 꼽히는 '최후의 만찬'과 다른 두 말기 작품이 성가대와 사제가 서는 자리 사이 벽에 걸려있다. 교회에 들어가는 건 무료지만, 종탑에 올라가려면 3유로인가를 내야 한다. 산 마르코 광장에서 수상버스 82번이나 N을 타면 교회 앞에 내려준다. 5~9월은 오전 9시~오후 12시30분과 오후 2시~6시30분, 10~4월은 오전 9시~오후 12시30분과 오후 2시30분~오후5시 입장 가능하다.

산 조르지오 디 마조레에서 찍은 베네치아 전경

성모와 성인들 Madonna and Four Saints

카스텔로Castello에 있는 산 자카리아San Zaccaria 교회는 아름답다. 하지만 이 정도 아름다운 교회는 베네치아에 널렸다. 그런데도 이 교회에 찾아간 건 베네치아화파의 좌장인 조반니 벨리니의 대표작을 보기 위해서였다.

산 자카리아 교회의 제단화 '성모와 성인들'은 벨리니가 1505년 그렸다. 곰브리치의 '서양미술사'를 인용한다. "피렌체의 위대한 개혁자들은 색채보다는 소묘에 더 큰 관심이 있었다. 물론, 그렇다고 해서 그들의 그림이 색채 면에서 아름답지 않다는 말은 아니다. 오히려 그 반대다. 그러나 한 그림 속에 나오는 여러 가지 인물들과 형태들을 하나의 통일된 구성으로 결합시키는데 색채를 주된 수단의 하나로 생각하고 있었던 화가는 매우 드물었다. 그들은 채색하기 전에 원근법이나 구도로써 그러한 통일된 구성을 만들어놓았다. 그러나 베네치아 화가들은 색채를 그림 위에 덧붙이는 부가적인 장식으로 여기지는 않았던 깃 같다. 베네치아에 있는 산 차카리아의 작은 교회에 가서 지오반니 벨리니가 그린 그의 말년기인 1505년에 제단에 그린 그림 앞에 서 보면 색채에 대한 그의 접근법이 매우 달랐다는 것을 당장 알아볼 수 있다. 그 그림이 특별히 밝거나 화려하기 때문이 아니다. 그림이 무성을 표현하고 있는지 살펴보기도 전에 색채들의 원숙함과 풍요로움이 우리에게 강렬한 인상을 준다. 여기에 실린 도판으로도 성모 마리아가 앉아 있는 왕좌가 놓인 황금색의 빛나는 벽감에서 넘쳐흐르는 따뜻한 분위기를 짐작할 수 있으리라 생각된다.

성모의 팔에는 제단 앞에서 예배를 드리는 사람들을 축복하기 위해 손을 들고 있는 아기 예수가 안겨 있다. 천사 한 사람이 제단 밑에서 바이올린을 연주하고 있고 성인들은 왕좌의 양편에 조용히 서 있다. 성 베드로는 열쇠와 책을 들고 있으며 성 카타리나는 순교의 상징인 종려나무 잎과 부러진 형틀을 들고 있고, 성 아폴로니아는 성경을 라틴어로 번역한 학자여서 책을 읽고 있는 사람으로 표현한 성 히에로니무스가 보인다. 성인들과 함께 있는 성모상은 그 이전이나 그 뒤로도 이탈리아 및 여러 곳에서 많이 그려졌지만, 이러한 품위와 태연자약함을 가지고 구상된 그림은 거의 없다. 비탄진 전통에서의 성모상은 양쪽에 굳은 표정을 하고 서 있는 성인들을 거느리고 있는 것이 보통이었다. 벨리니는 그림의 질서를 깨트리지 않고 이 단순한 대칭적인 구도 속에 생명력을 불어넣는 방법을 알고 있었다. 그는 또한 성모와 성인들의 전통적인 모습을 그 신성함과 위엄을 손상시키지 않은 채 사실적이고 살아 있는 것처럼 변화시키는 방법도 알고 있었다.

그는 페루지노가 어느 정도 그랬던 것과는 달리 살아 있는 인물의 다양성과 개성을 희생시키지도 않았다. 꿈꾸는 듯한 미소를 머금고 있는 성 카타리나나 독서에 열중하고 있는 늙은 학자인 성 히에로니무스는 각기 그들 나름대로 실감 나게 그려져 있다. 이 인물들은 또한 페루지노의 인물 못지않게 보다 더 조용하고 아름다운 세계, 즉 충만한 따뜻함과 초자연적인 빛이 스며든 이 그림의 세계에 소속된 사람들같이 보인다.”

베네치아의 길

이 물의 도시에선 길을 도로라고 해야 할지, 수로라고 해야 하는지 헷갈린다. 흙길과 물길이 혼재된 도시이기 때문이다.

가장 큰길은 카날레canale로, 바포레토처럼 비교적 큰 배가 다닐 수 있는 운하다. 리오rio는 곤돌라나 모터보트처럼 작은 배만 드나들 수 있는 작은 운하를 말한다. 리오 테라rio terra는 리오를 메워 만든 길이고, 칼레calle는 이탈리아 나머지 지역에서 비아via라고 부르는 보통 길이다. 폰다멘타fondamenta는 운하 양옆을 따라 난 길이다. 루가ruga와 루게토rughetto는 골목길, 살리차다salizada는 포장된 길이다. 라모ramo는 길과 길을 잇는 좁은 골목, 코르테corte는 막다른 길이다. 리바riva는 부두이고, 소토포르테고sotoportego는 건물 아래를 지나는 길이다. 피시나piscina라고 하면 다른 지역에선 수영장을 뜻하지만, 베네치아에선 웅덩이를 메워 만든 공터를 뜻한다. 광장은 이탈리아어로 피아자piazza라고 하지만, 베네치아에서는 산 미르코 광장Piazza San Marco를 빼고는 캄포campo라고 한다. 캄포니엘로camponiello, 캄파초campazzo는 작은 광장을 뜻하는 말이다.

관광객을 기다리는 리오

벽에 페인트로 그린 화살표

도시 골목 곳곳에 이처럼 산 마르코 광장과 리알토 다리가 어느 방향으로 가면 나오는지 알려주는 글씨와 화살표를 페인트로 써놓은 걸 볼 수 있다. 뭍에서 온 이방인들이 얼마나 많이 길 잃고 헤맸길래 그리고 이들에게 얼마나 많은 베네치아 주민들이 귀찮게 시달렸길래 이런 이정표가 많은 것일까. 어쩌면 이곳 사람들은 친절한 것일 수도 있다. 관광객을 위한 배려(?)일 수도 있으니 말이다.

"당신이 찾는 곳은 이쪽으로 가면 됩니다."

이 물의 도시에서 타지인이 주소 찾기란 불가능에 가깝다. 다른 이탈리아 도시들은 도로명 주소 체계를 따르지만, 베네치아는 지번 체계다.

서울에도 새로 도입된 도로명 주소는 도로마다 이름이 있고, 그 도로를 따라 좌우 또는 남북 순서대로 번지가 매겨진다. 지번 체계는 건물이 들어선 순서대로 번지가 매겨진다. 그래서 베네치아의 호텔이나 식당 등의 주소를 보면 세스티에로sestiero 즉 도시를 구성하는 6개 구역의 '이름＋번지수＋길 이름'으로 되어 있으니 호텔 직원이나 민박집 주인에게 전화해 "데려가 달라"고 부탁하는 편이 안전하고 편하다.

타인은 알기 어려운 지번 주소

곤돌라 Gondola

산 마르코 광장 앞 부두에 베네치아의 상징 곤돌라가 줄지어 정박해 있었다. '곤돌라 운행Servizio Gondole(곤돌라의 복수형)'라는 푯말 옆으로 차양이 쳐 있고, 그 아래 줄무늬 셔츠에 밀짚모자를 쓴 곤돌리에로gondoliero들이 하릴없이 벤치에 앉아 휴대전화를 들여다보거나 서로 잡담하며 시간을 때우고 있었다. 한가한 시간에 손님을 기다리는 택시기사와 똑같았다.

지금은 곤돌라가 값비싼 관광 거리로 전락했지만, 한때 베네치아의 가장 중요한 교통수단이었다. 16세기까지만 해도 1만 대가 넘는 곤돌라가 운하를 누비고 다녔다. 지금은 겨우 500대가 명맥을 유지하고 있다.

곤돌라는 길이 11미터에 무게 600킬로그램쯤 나간다. 280개의 나무 조각을 끼워 맞춰 만든다. 오른쪽이 24센티미터 더 좁은 비대칭 구조에 바닥이 납작해서 얕고 좁은 운하를 날렵하게 회전하며 달릴 수 있도록 설계됐다. 뱃머리에 부착된 S자 모양 장식은 원래 곤돌라 뒤에 서는 곤놀리에로와 앞뒤 무게균형을 맞추기 위해서 고안됐지만, S자로 휘어지는 대운하를 상징하는 것처럼 됐다. 7개 이를 가진 빗처럼 생겼는데, 6개의 세스티에리와 주데카Giudecca 섬을 의미한다.

곤돌라 조선소가 아직 몇 곳 남아있다.

로베르토 트라몬틴Roberto Tramontin(Dorsoduro 1542(Ponte Sartorio), 041 523 7762), 로베르토 데이 로시Roberto dei Rossi(Giudecca 866a, 041 522 3614), 스케

로 카날레토 디 프라이스 토마스 프란시스Squero Canaletto di Price Thomas Francis(Cannaregio 6301(Rio dei Mendicanti, 041 241 3963)에 가면 곤돌라를 어떻게 만드는지 볼 수 있다.

한가한 곤돌리에로들과 곤돌라들

프랑코 푸를라네토 Franco Furlanetto

No 21

포르콜레forcole는 곤돌라 후미에 붙어 있다. 홈이 여러 개 파였는데, 곤돌리에로가 어느 홈에 노를 끼우느냐에 따라 곤돌라 움직임이 달라진다. 자동차에 비교하면 기어박스나 마찬가지다. 포르콜레만 떼 놓고 보면 현대조각품처럼 아름답다. 푸르라네토는 포르콜레를 전문으로 만들어서 파는 장인이다. 여행비가 넉넉하다면 기념품으로 좋을 듯하다.

| San Polo 2768b(Calle dei Nomboli), 041 520 9544, www.vogaveneta.it

포르콜레 모습

세스티에리 Sestieri

No 22

베네치아 117개 섬은 6개 행정구역에 속해있다. 서울의 구區나 동洞에 해당하는 이 행정구역을 세스티에로sestiero라고 한다. 세스티에리는 세스티에로의 복수형이다.

산 마르코San Marco가 중앙에 있고 그 위가 산 폴로San Polo와 산타 크로체

Santa Croce이다. 산 폴로에서 대운하를 건너면 산타 루치아 기차역이 있는 칸나레지오Cannaregio이다. 카스텔로Castello는 산 마르코 광장에서 물가로 나와 왼쪽으로 길게 나 있는 부둣가를 따라 걷다 보면 나온다. 산 마르코에서 폰테 델 아카데미아Ponte dell' Academia를 건너면 도르소두로Dorsoduro로 갈 수 있다.

거의 모든 관광객은 산 마르코에 집중된다. 칸나레지와 도르소두로, 카스텔로Castello는 비교적 관광객이 적다. 아이들이 축구공을 차고, 주부들이 운하에 배를 세워놓고 채소와 과일을 파는 상인들과 흥정하는 등 베네치아 서민들의 일상을 볼 수 있다.

공원에서 쉬는 베네치아 인들의 일상

관광객이 없어 한가한 칸나레지와
도르소두로, 카스텔로

　도르소두로 남쪽 선창가. 천천히 산책하거나 카페에 앉아 바다를 바라보며 커피나 스프리츠를 한가하게 마시기 좋다. 하루 중 언제 와도 괜찮지만, 석양에 핑크빛이 살짝 도는 주홍색으로 물드는 늦은 오후가 가장 아름다웠다.

사르데 인 사오르 Sarde in saor

이탈리아에서는 특정 지역에서만 쓰는 말이 다양해서 사전에 나오지 않는 단어가 사전에 등재된 단어보다 훨씬 더 많을 것이다. 어느 정도냐면, 같은 나라에서 쓰는 말이라고 여겨지지 않을 정도인데, 베네치아는 유독 심하다.

사오르는 베네치아에서만 쓰는 말인데, 식초 정도의 뜻이다. 지금 일상적으로 쓰이지 않는 오래된 단어다. 이 단어만큼이나 오래된 요리가 사르데 인 사오르다. 사르데는 정어리다. 소금으로 간 한 정어리를 채 썬 양파와 함께 기름에 튀기듯 익힌 다음 식초로 양념한다. 옛날 베네치아 선원들이 무역이나 어업을 하러 바다로 나갈 때 큰 나무통에 가득 채워 나가던 음식이다. 소금과 식초, 기름에 익힌 덕분에 쉬 상하지 않았다. 옛 베네치아 선원들은 몰랐겠지만, 양파의 비타민C가 괴혈병도 예방해줬다. 지금은 주로 애피타이저로 먹는다.

정어리가 보이는 사르데 인 사오르

바칼라 만테카토 Baccala mantecato

바칼라 만테카토baccala mantecato는 '크림처럼 부드러운 바칼라 요리'란 뜻이다. 바칼라는 소금에 절인 대구다. 이 요리에는 대구를 소금에 절여 한국의 북어처럼 딱딱하게 말린 스토카피소stoccafisso를 사용하니, 엄밀히 따지면 '스토카피소 만테카노'라고 해야 한다. 하지만 베네치아에선 둘 다 바칼라라고 부른다.

바칼라와 스코카피소는 유럽에서 매우 중요한 전통 식재료다. 교회는 절제와 금욕의 의미로 매주 금요일과 종교적 기일에 육식을 금했다. 교인들(유럽 전체가 기독교를 믿었으니 사실상 유럽 모든 사람이다.)은 채소와 생선을 먹어야 했다. 귀족들은 값비싼 신선한 생선을 먹을 때 가난한 사람들은 돈이 없었다. 그래서 값싼 바칼라를 먹었다.

바칼라 만테카토를 만드는 과정은 이러하다. 우선 바칼라를 두드려 물에 담갔다가 빼고 물을 갈아 다시 담그는 과정을 이삼일에 걸쳐 반복한다. 바칼라는 입에 댈 수 없을 정도로 짜다. 이 짠맛을 빼내는 작업이다.

물에 담근 바칼라에선 엄청난 악취가 난다. 중세에는 바칼라를 담가둔 물을 하루 한번 그것도 밤에만 버릴 수 있었다. 당시에는 집에 하수도가 없어서 오물과 오수를 길에 버렸기 때문에 지나가는 사람들이 악취에 시달리지 않도록 한 것이다.

대구살은 원래 무미하리만치 담백한데, 소금에 절이고 말리는 과정을 거치며 한국의 황태와 비슷한 구수한 감칠맛을 갖게 된다. 짠맛에 가려져 있던 이 구수한 감칠맛이 소금기를 제거하면 드러나게 된다.

염분이 빠지고 부드러워진 바칼라를 가루처럼 잘게 다지고 우유를 섞는다. 올리브 오일에 조금씩 넣어가며 치댄다. 딱딱하고 누렇던 바칼라가 하얀 크림으로 변한다. 촉촉하고 부드럽고 고소하다. 딱딱한 빵이나 폴렌타를 곁들여 먹는다.

맛있어 보이는 바칼라 만테카토

페가토 알라 베네치아나 Fegato Alla Veneziana

송아지 간 요리다. 프라이팬을 달궈 얇게 썬 양파를 올리브오일에 볶는다. 불을 세게 올리고 껍질을 벗겨 손가락 만하게 썬 송아지를 양파 향이 밴 올리브오일에 넣고 빠르게 살짝 굽는다. 소금과 후추, 다진 파슬리로 간하고 접시에 담고 팬에 남은 뜨거운 올리브오일을 소스에 부으면 요리가 순식간에 완성된다.

'이윤신의 그릇가게 이도' 대표였으며 내가 아는 최고의 미식가이자 풍류객 중 하나인 김동환보다 더 이 요리 맛을 한국어로 잘 표현한 글을 찾기 힘들어 여기 그대로 옮긴다. "투명한 갈색으로 볶은 양파 위에 오래된 벽돌빛 송아지 간을 얹고, 촉촉한 초록색 파슬리 가루를 뿌리고 불에 볶은 올리브오일 소스는 서로 조화와 균형을 이루며 반짝인다. 근사한 음식은 따로 가니쉬(garnish · 고명 장식)를 할 필요가 없다. 맛있는 음식은 따로 멋 내지 않아도 만들고 그릇에 담는 과정에서 충분히 아름답고 먹음직스럽다. 사족(蛇足)이 필요 없는 것이다. 송아지간을 포크로 잘라 입에 넣고 가만히 혀끝으로 입천장에 비빈다. 기름에 볶아진 얇은 막이 터지며 초콜릿 같이 녹아 내린다. 성장한 소의 간 보다는 훨씬 텁텁한 맛이 덜하다. 마시멜로(marshmallow) 같은 부드러움과 간의 풍미가 그대로 살아 입 속에 퍼진다. 송아지간은 방금 잡은 송아지에서 꺼낸 것처럼 싱싱하고, 질 좋은 버진(virgin) 올리브오일은 그냥 빵에 적셔먹어도 맛있는 기름이며, 아삭한 양파는 향이 진동한다. 최고의 재료는 그 자체로 이미 90%는 만들어진 요리가 아닐까?"

로스티체리아 지슬론^{Rosticceria Gislon}
No 27

피자나 관광객 메뉴가 아닌 베네치아 전통 음식으로 간단하게 먹고 싶을 때 7유로 정도면 충분히 배부르게 먹는다. 네모나게 굳혀 구운 폴렌타와 함께 나오는 사르데 인 사오르가 괜찮았다. 1층은 카페테리아, 2층은 레스토랑이다. 2층이 조금 더 비싸지만, 음식 맛은 같다.

San Marco 5424a(Calle della Bissa)

사진으로 보는 음식

건물 외관 모습

이탈리아 어느 유명 관광지를 가건 '메뉴 투리스티코' 라고 적힌 세트메뉴를 내걸어 놓은 식당을 볼 수 있다. 대개 샐러드와 피자 또는 볼로냐 소스 스파게티와 커피로 구성되며 10유로를 넘지 않는다. 당신이 알고 있는 바로 그 맛의 이태리 음식이다. 서울 한복판에서도 먹을 수 있는 맛이다. 이런 걸 먹는 관광객들을 보면 인터넷이나 텔레비전으로 봐도 똑 같은 걸 뭐 하러 굳이 이탈리아까지 오는지 궁금하다. 하지만 맥도날드보다 낫기는 하다.

당신이 알고 있는
그 맛의 메뉴들

16세기 후반 안토니오 다 폰테Antonio da Ponte가 팔라디오Palladio를 포함 당대 유명 건축가들을 물리치고 건축공모전에서 당선돼 세운 다리다. 이전까지 이 자리에는 나무 다리가 있었는데, 화재에 취약했고 사람이 몰리면 무너지기 일쑤라 시 정부가 튼튼한 돌다리를 짓기로 결정해 만들어졌다.

다리 가운데가 뾰족한 삼각형 모양에 아래쪽이 아치형이 뚫려 있어서 큰 배도 통과하도록 설계됐다. 다리 양 끝으로 가게들이 들어섰고, 가운데로 사람과 마차가 지날 수 있다. 이는 근대 이전 유럽에서 일반적인 스타일로, 피렌체 베키오 다리Ponte Vecchio도 마찬가지다.

리알토 시장 Mercati di Rialto

No 30

나는 어느 도시를 여행하건 시장에 꼭 들린다. 그래서 이번에도 그 유명한 베네치아의 생선시장Pescheria을 보러 아침 일찍 일어났다.

시장은 산 마르코 광장 쪽에서 리알토 다리를 건너 오른쪽 대운하 변에 있다.

리알토 시장은 생선시장과 채소시장Erberia으로 구성된다. 생선시장은 판매하는 생선이 적어도 어느 정도 크기가 되어야 하는지 그 크기를 알리는 그림이 벽에 새겨져 있다.

살아 펄떡거리는 생선과 상인으로 가득한 서울 노량진시장이나 부산 자갈치 시장과 비교하면 활기가 크게 떨어진다. 하지만 다른 이탈리아 생선시장과 비교하면 규모가 크고 생선이 다양한 편이지만, 베네치아 생선시장에 나온 해산물도 대개 대서양이나 북해 등 다른 바다에서 온 것들이다. 지중해는 아름답지만, 남획으로 텅 비어있다. 한반도를 둘러싼 바다들도 생선이 빠르게 고갈되고 있으니 걱정이다.

190

　　리알토 채소시장에는 카르초포가 가득 쌓여있었다. 카르초포는 영어로 아티초크artichoke라고 한다. 베네치아 석호의 산테라스모 섬이 유명한 산지다. 카르초포는 다섯 차례 수확할 수 있다. 어린싹일 때 수확한 카르초포를 카나리니canarini라고 한다. 빵가루를 입혀 튀기거나, 올리브 오일과 소금과 후추로 만든 핀치모니오 소스를 씍어 먹는다. 두 번째 수확한 카르초포는 카스트라우레castraure라고 부른다. 영화 '카스트라토'가 연상될 터이다. 둘 다 '거세하다'라는 뜻이다. 농부들이 카르초포가 빨리 자라도록 수술을 잘라내기 때문이다. 카스트라우레는 마늘과 기름으로 요리하거나 튀겨 먹는다. 세 번째 수확에서 제대로 된 카르초포가 나온다. 네 번째 수확에서는 밑동과 줄기를 잘라낸다. 데치거나 석쇠에 굽거나 기름에 튀겨 먹는다. 마지막 수확은 카르초포의 꽃이다. 이 아름다운 보랏빛 꽃을 먹으려는 게 아니라 집안을 장식하기 위해서다.

말고기는 쇠고기보다 조금 더 선명한 붉은색이고 결이 곱다는 점을 제외하면 구분이 거의 불가능하다. 맛은 쇠고기와 사슴고기를 합친 듯하다.

리알토 시장에 말고기 정육점이 있었다. 말고기는 이탈리아에서 별미이자 전통 음식이다.

이탈리아는 유럽연합에서 말고기를 가장 많이 소비하는 국가이다. 어느 도시를 가도 말고기를 전문으로 판매하는 푸줏간을 볼 수 있다. 약 1300년 전인 8세기(732년) 교황 그레고리우스 3세가 말고기 금지령을 내린 적이 있다. 게르만족이 숭배하던 신 오딘(Odin)에게 바치는 축제에서 말고기가 빠지지 않았다. 그래서 말 도축과 말고기 섭취를 이단적 풍습이자 이교도의 상징으로 본 것이다. 교황의 금지령은 먹히지 않았다. 배고픈 농민들에게 교황의 금지령은 '쇠 귀에 경 읽기'였다.

과거 말은 농사나 운송에 필수적인 동력(動力)이었다. 고기를 얻기 위해 말을 따로 키우지 않았다. 늙거나 병들어 더 이상 노동력으로서 가치가 없을 때 도축했다. 독재자 베니토 무솔리니는 1928년 말고기를 파는 정육점은 다른 육류를 함께 판매하지 못하도록 하는 법령을 제정, 말고기를 더 비싼 고기로 속여 팔지 못하게 했다. 이 법령은 1999년 정육점에서 말고기를 다른 고기와 함께 판매하되 별도의 카운터를 사용하도록 완화됐다.

말고기는 쇠고기보다 조금 더 선명한 붉은색이고 결이 곱다는 점을 제외하면 구분이 거의 불가능하다. 이 맛을 즐기기엔 육회가 최고다. 말고기를 다져 올리브 오일과 레몬즙, 소금으로 양념해 루콜라 등 채소를 곁들여 먹는다. 베테토에서는 이런 말고기 육회를 페체티 디 카발로(pezetti di cavallo)라고 부른다. 에밀리아-로마냐에서는 샌드위치로 먹는다. 피에몬테에서는 말고기로 소시지를 만든다.

내가 베네치아에 꼭 가야 했던 이유는 이 미술관에 가보고 싶어서였다. 대학에서 서양미술사를 공부하면 반드시 등장하는 베네치아 화파의 작품이 탄생한 환경이 궁금했고, 베네치아 화파 작품 중 최고를 모아놓은 미술관이기 때문이다.

베네치아가 교역을 통해 밀접한 관계를 유지했던 비잔틴의 영향을 받은 중세미술부터 근대까지 꼼꼼히 소장하고 있다. 하지만 역시 백미는 벨리니, 틴토레토, 티에폴로, 베로네제 등 14세기부터 18세기 베네치아에서 활약한 화가들의 작품이다.

나는 조반니 벨리니Giovanni Bellini의 작품들이 가장 좋았다. 벨리니는 베네치아화파의 좌장이다.

조르지오네Giorgione가 1508년경 그린 '폭풍La Tempesta'은 작아서 잘 보이지 않을 수 있다. 또 벨리니에 비해 색깔이 칙칙한 편이라 별로일 수도 있다. 하지만 조르지오네의 진품으로 인정 받는 다섯 점 중 하나로 유명하니 꼭 봐두기를 바란다.

| Dorsoduro 1050(Campo della Carita), 041 522 2247,

www.galleriaaccademia.org

스콜라는 특정한 목표나 직업, 출신에 따라 결성한 신자회信者會로, 한때 400개나 있었다고 한다. 회원들이 낸 회비와 헌금으로 화려하고 거대한 회관과 회원용 교회를 세웠다. 종교적 열정이랄 수도 있지만, 부와 세력의 과시이기도 했다.

로쉬는 프랑스 몽펠리에 출신으로 1315년 흑사병이 창궐한 이탈리아에서 환자들을 돌본 '병자病者들의 성인'이다. 아픈 사람들을 돕는 것을 설립목표로 삼은 산 로코 스콜라가 1485년 성 로쉬의 유해를 베네치아로 모셔왔다. 질병에서 벗어나려고 스콜라 회원들뿐 아니라 베네치아 전체가 이 스콜라에 엄청나게 헌금했다. 1527년 흑사병이 베네치아를 덮치자 너 많은 헌금이 쏟아져 들어왔다. 주머니가 누둑해진 산 로코 스콜라는 장대한 건물을 짓고 당대 최고 화가였던 틴토레토Tintoretto를 초청했다.

산 로코 스콜라 본부 건물은 50개가 넘는 틴토레토의 작품으로 장식됐다. 산 로코 교회에도 틴토레토의 작품이 있지만, 본부에 있는 것들만큼 훌륭하지는 않다. 하지만 교회는 무료입장이다.

아카데미아가 베네치아 미술의 정수를 보여준다면, 페기 구겐하임 미술관은 현대미술의 정수를 선보이는 곳이다. 미술을 공부하기보다 즐기기엔 현대미술이 훨씬 쉽고 재미있다.

미국 최고 갑부의 딸인 페기 구겐하임이 1948년 비엔날레에서 선보이기 위해 당시로써는 가장 실험적이고 아방가르드한 자신의 현대미술품 컬렉션을 배에 실어 베네치아로 가져왔다. 페기 구겐하임은 다음 해인 1949년 팔라초 베니에르 데이 레오니를 사들이고 베네치아에 정착해 세 번째 남편이자 화가인 장 헬리옹Jean Helion과 살았다.

1979년 페기가 사망한 후 팔라초는 미술관이 됐다. 페기가 살아있을 때 그림을 걸어놓고 조각작품을 설치한 그대로 혹은 거주할 당시 분위기를 최대한 살려 작품들을 전시했다. 잭슨 폴락, 카지미르 말레비

치, 피에트 몬드리안, 조르지오 데 키리코, 페르난 레제르 등 현대미술의 대표적 작가들의 대표적 작품들이 다 여기 있다.

▍ Dorsoduro 704(Palazzo Venier dei Leoni), 041 522 8688, www.guggenheim-venice.it

개구리를 든 소년Boy with a Frog

도르소두로 끝 푼타 델라 도가나Punta della Dogana에 세워진 설치미술품이다. 미국 작가 찰스 레이가 스테인리스로 만들고 흰색 아크릴을 씌워 완성했다. 2009년인가 여기 있던 세관 Dogana di Mare 건물이 현대미술관Centro d' Arte Contemporanea de Punta della Dogana으로 개조되면서 설치됐다. 18세기까지 베네치아로 입항하는 카고선박은 이곳 세관에 신고하고 검사받은 다음에야 베네치아에 진입해 정박하고 짐을 내릴 수 있었다. 소년이 서 있는 이곳은 베네치아에서 가장 전망이 좋은데다가 독특한 작품까지 있어 관광객들이 꽤 온다.

소년의 통통한 엉덩이를 만지거나 낙서하려는 이들이 많은가 보다.

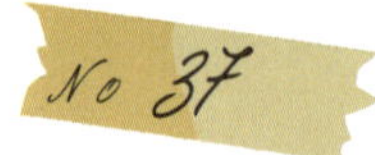

스프리츠는 이탈리아에서 가장 즐겨 마시는 칵테일이다. 오스트리아는 19세기 베네치아와 베네토, 트렌티노 등 이탈리아 북부를 지배했다. 당시 이탈리아에 주둔한 오스트리아 병사들이 지역 와인을 마시다가 "너무 진하다"며 소다수(스프릿첸 spritzen)을 타 마셨다. 화이트 와인, 탄산수 sparkling water, 아페롤 Aperol 또는 캄파리 Campari를 4대3대2로 섞어 만들고 레몬 슬라이스를 올리면 스프리츠가 된다.

아쿠아 알타 Acqua Alta

베네치아는 10월에서 12월 사이가 그나마 관광객이 덜 붐빈다. 그리고 '아쿠아 알타'를 경험해볼 수 있다. 아쿠아 알타를 겪어보면 베네치아가 진짜 물의 도시, 바다의 도시임이 몸소 느껴진다.

아쿠아 알타를 직역하면 '높은 물'이다. 즉 밀물이다. 늦가을부터 겨울이면 베네치아를 둘러싼 아드리아Adria 해 수위가 높아진다. 호텔에선 준비해둔 장화를 손님들에게 빌려주고, 시 정부는 주요 도로에 비계를 설치한다. 주민과 관광객들이 패션쇼 런웨이에 오른 모델들처럼 비계 위를 걸어 다닌다.

옛날 베네치아 그림을 보면 바다가 그렇게 높지 않았다. 기후변화로 아드리아 해 수면이 상승하고 있다고 한다. 하지만 아쿠아 알타에 익숙한 주민들은 평안하다. 북한이 포격하면 세계는 놀라고 두려워하지만, 정작 한국사람들은 별 신경 쓰지 않는 것과 비슷하다. 장화를 신고 바에 서서 에스프레소나 스프리츠를 홀짝거린다. 관광객들에겐 불편하다기보다 신기하고 재미있다.

아쿠아 알타를 겪는 사람들

　　베네치아 사람들은 단어를 희한하게 줄여 말하는 습관이 있다고 한다. 푸를라나가 그렇다. 원래는 프리울라나Friulana다. 프리물라나는 곤돌리에리godolieri나 다른 노동자들이 신던 값싼 슬리퍼이다. 베네치아 맞은편 육지가 프리울리Friuli주인데, 이 지역 주민들이 자투리 벨벳과 자전거 고무바퀴를 재활용해 만들었다고 해서 이런 이름이 붙었다. 노동자들이 신었던 싸구려 작업화라기엔 너무 우아하다. 좋은 물건을 알아보는 눈 밝은 이들 사이에서 유명해져 이제는 럭셔리 제품으로 여겨지기도 한다. 기념품 가게에서도 팔기는 하지만, 제대로 만든 진짜 프리울라나를 전문으로 파는 가게가 몇 있다. 잔니 디투라Gianni Dittura가 운영하는 매장이 그렇다. 비싼 것과 싼 것 두 가지다. 비싼 것은 신발의 좌우를 구분해 만들었고, 싼 것은 좌우가 똑같아 신으면 약간 불편하다.

| Dorsoduro 871(Nuova Sant' Agnese), 041 523 11 63. San Marco 819–820(Calle Fiubera), 041 522 35 02

1630~31년 베네치아는 흑사병으로 당시 도시인구 3분의 1에 해당하는 9만 5000여 명이 사망했다. 시 정부는 성모에게 새 교회를 바쳐야 흑사병으로부터 구원받을 수 있다고 믿었다. 그렇게 산타 마리아 델라 살루테Santa Maria della Salute 교회가 도르소두로에 세워졌다.

매년 11월 21일 살루테 축제가 열린다. 흑사병에서 살아남은 이들이 성모에게 감사하는 축제다. 나는 마침 운 좋게 축제 기간 베네치아에 있게 됐다. 초에 불 붙여 성모에게 올리려는 시민들로 교회 안팎이 복잡했다. 화려한 행사용 선박이 날개 달린 사자가 수 놓인 깃발을 펄럭이며 산 마르코 광장에서 대운하를 넘어왔다. 엄숙한 의식을 거쳐 깃발이 교회 안에 내걸리자 시민들은 성모 마리아에게 자신과 가족의 건강과 안녕을 기원하며 기도를 올렸다.

엄숙한 의식을 거쳐 깃발이 교회 안에 내걸리자 시민들은 성모 마리아에게 자신과 가족의 건강과 안녕을 기원하며 기도를 올렸다.

마르가레 뒤샹 Margaret Duchamp

No 41

산타 마르게리타에서 가장 시크하고 트렌디한 바bar로 세련된 베네치아와 유럽 젊은이들이 새벽 2시까지 술 마시고 떠든다. 화요일은 쉰다.

▌Dorsoduro 3019(Campo Santa Margherita)

칸티나 도 모리 Cantina Do Mori

No 42

옛 베네치아 와인바 분위기를 고스란히 간직하고 있다. 어둡고 음침한 듯하지만, 격식 없이 편하다. 테이블이나 의자가 없다. 리알토나 메르체리아 노동자들이 바에서 와인이나 맥주를 한 잔씩 받아 들고 서서 친구들과 떠들고 마신다. 와인이 다양하고 치케티도 맛있다. 이방인이 선뜻 들어서기 힘든 분위기지만, 일단 입장하면 자연스럽게 융화된다. ▌San Polo 429(Calle do Mori)

4

밀라노

Milano

전문 Introduction
No 1
cicli-moto
SURSUM
P
PER LA C
PER LA CITTÀ
NDdee
SPEDISCI G
FESTIVI
Nessun ritiro
SUNDAYS &
PUBLIC HOLIDAYS
No collection
LA TERRA TREMA

CHIAMATA TAXI
02
www.etaxi.it
PRIVILEGE

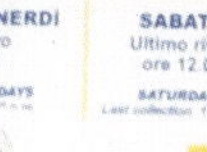

TAXI
3
it

porta
la tua vo'
in reg...
vota

per
la tua voce
in regione
vota

밀라노는 많은 한국인에게 '이탈리아의 관문' 같은 도시다. 대한항공과 아시아나항공 이탈리아 노선이 밀라노로 '인in' 해서 롬에서 '아웃out' 하기에, 한국 여행객들에게는 밀라노가 이탈리아의 첫 도시가 되는 경우가 많다. 런던이나 파리를 통해 유럽에 들어오는 배낭여행자에게도 그렇다. 배낭여행자는 대개 유레일패스를 이용하는데, 기차가 이탈리아 국경을 넘어와 멈추는 첫 대도시가 밀라노이기 때문이다.

서울보다는 작고 덜 복잡하지만, 밀라노는 이탈리아에 드문 대도시이다. 돌로 지어진 높고 큰 건물이 가득한 도시의 첫인상은 회색이다. 30년 넘은 건물이 드문 한국에서 온 이들에겐 고풍스럽겠지만, 피렌체나 베네치아처럼 수백 년 된 건물이 즐비한 도시에서 온 이탈리아사람들에겐 엄청나게 모던한 도시이기도 하다. 밀라노를 제외한 다른 지역 사람들은 '밀라노는 이탈리아에서 가장 칙칙하고 못생긴 도시' 라고 낮춰본다.

밀라노 사람들은 키가 크고 금발에 푸른 눈을 가진 이들이 많다. 차갑다고 느껴질 정도로 외지인에게 별 관심을 보이지 않는다. 다른 이탈리아 도시에서 겪게 될 이탈리아 특유의 문화와 정서에 익숙하지 않은 이들에겐 가장 '컬쳐 쇼크' 가 덜 한 도시이다. 그 컬쳐 쇼크에 대응할 준비를 하기에 가장 알맞은 곳이 밀라노다. 하지만 이탈리아의 매력을 제대로 느끼지 못하고 실망해 떠날 수도 있는 도시가 밀라노이다.

그라피티로 가득한 벽

밀라노의 역사는 기원전 7세기 포Po 강을 따라 켈트족이 정착하면서 시작됐다고 알려졌다. 도시로서의 기틀은 역시 로마가 세웠다. 로마군이 켈트족 마을을 점령하고는 '메디오라눔Mediolanum'이라고 개명했다. '평야 한복판'이란 뜻이다. 로마와 북서부 유럽의 가운데라는 지정학적 위치 덕분에 메디오라눔은 교역과 상업으로 번영할 수 있었고, 이는 도시 이름이 밀라노로 바뀐 뒤에도 계속됐다. 중세시대 베네치아 상인들이 동방에서 수입해온 값비싼 향신료와 비단 따위 사치품은 배에 실려 티치노 강과 포 강을 연결하는 운하인 '나빌리오Naviglio'를 통해 밀라노로 운송됐고, 독일 스위스 프랑스 스페인 심지어 영국 상인들도 밀라노에 와서 이 사치품들을 자국으로 실어 갔다. 나빌리오 덕분

에 밀라노는 롬바르디 평야 한복판에 있으면서도 항구나 마찬가지였다. 두오모를 짓는 데 들어간 오솔라의 화강암과 칸돌리아의 대리석이 나빌리오를 통해 두오모까지 실려 왔다. 하지만 운하 때문에 여름이면 모기가 들끓었고, 근대에 들어와 자동차가 등장하면서는 교통혼잡이 극심했다. 밀라노에서 발행되던 사회주의 계열 신문 '아반티!Avanti!' 편집장이었다가 이탈리아 독재자가 된 무솔리니는 수로를 자갈로 덮어 찻길로 만들었다. 밀라노 시내를 걷다 보면 유난히 큼직하고 잘 생긴 돌들로 바닥을 깐 길들이 있는데, 이 길들이 과거 수로였다.

나빌리 Navigli

　이제 밀라노 시내에서 운하를 볼 수 있는 지역은 나빌리 뿐이고, 현재 운하 2개가 남아있다.

　과거 운하가 가장 중요한 운송수단이었을 때는 이 지역이 밀라노의 비즈니스 중심이었다. 하지만 고속도로와 자동차가 등장한 이후로 쇠락하고 퇴락했다. 20여 년 전부터 음식점과 카페, 술집이 운하를 따라 생겨나면서 회생했다. 저녁에는 젊은이들로 가득하고, 밴드들이 거리공연도 펼치며 활기가 넘친다. 매달 마지막 일요일 나빌리오 그란데Naviglio Grande를 따라 골동품 시장Fiera dei Navigli이 열린다. 벼룩시장 수준의 싸구려가 아닌 꽤 값나가는 물건들이라 사지는 못했지만, 그냥 둘러보는 재미가 쏠쏠했다.

운하 양쪽에 즐비한 카페

유럽 대부분 도시가 그렇지만, 그 도시를 대표하는 랜드마크는 교회이다. 기독교가 유럽을 1000년 넘게 지배했고, 한 도시의 재력과 재능이 교회에 쏟아 부었기 때문이다.

이탈리아 도시에는 교회가 여럿 있다. 하지만 도시 한복판에 있으며 가장 중요한 교회는 '두오모duomo'라고 구분해 부른다. 두오모란 돔dome이란 뜻. 이탈리아 어느 도시를 가건 시내 어디서나 교회 돔을 볼 수 있다. 근대 이전까지 어떤 건물도 교회보다 높고 크게 지을 수 없었기 때문이다.

밀라노를 대표하는 관광명소 역시 두오모이다. 1386년 당시 밀라노를 통치하던 잔 갈레아초 비스콘티가 건축을 시작해 1800년대 초에야 완공됐다. 14세기 후반 시작해 19세기 초반 끝났으니 400년이 넘게 걸린 셈이디. 히지만 세부 공사와 보수 수리는 계속됐고, 그래서 밀라노 시민들은 "1960년에야 완공됐다"고 농담하기도 한다. 두오모는 세계에서 네 번째로 큰 교회 건축물로 꼽힌다.

공짜로 둘러볼 수 있는 안쪽 예배당도 아름답지만, 두오모의 정수를 제대

로 경험하려면 지붕에 올라가 봐야 한다. 엘리베이터를 타고 편하게 올라갈 수
도 있고, 입장료만 내고 계단을 걸어서 저렴하게 올라갈 수도 있다. 이른 아침
에는 그나마 덜 붐벼 좋고, 저녁에는 대리석 조각상들과 도시 전체가 석양에
붉게 물드는 광경을 볼 수 있어 좋다. 청동으로 만들어 순금을 입힌 성모 마리
아는 교회 맨 꼭대기에서 반짝인다. 밀라노 사람들은 '우리들의 성모'라는 뜻
인 "마돈니나(Madonnina)"라고 애정과 존경을 섞어 부른다.

| 02-7202-2656, www.duomomilano.it

세계에서 네 번째로 큰 교회 건축물로 꼽힌다. 4000명이 동시에 예배 드릴 수 있다.

212

갈레리아 비토리오 에마누엘레 Galleria Vittorio Emanuele

세계에서 처음으로 생긴 첫 쇼핑센터 중 하나이다. 주세페 멘고니가 설계한, 강철과 유리로 만든 지붕 덕분에 비나 바람에 구애받지 않고 쇼핑할 수 있다는 건 당시로선 혁신이었다. 1865년 첫 삽을 떴고 1878년 완공됐다. 4개의 'ㄱ' 4층 건물 4채가 모여 가로세로 길이가 같은 그리스 십자가 모양을 하고 있다.

바닥에는 이탈리아 도시를 상징하는 문장들이 모자이크로 새겨져 있다. 가로세로 쇼핑가가 만나는 자리에는 토리노를 상징하는 검은 황소 문장이 박혀 있다. 이탈리아 사람들이 황소 생식기 부위를 발뒤꿈치로 밟고 몸을 한 바퀴 빙글 돈다. 이렇게 하면 행운이 온다는 미신이 있다고 한다. 어디서 전해 들었는지 중국인 관광객들이 한 명씩 황소 생식기를 학대했다. 어디선가 황소 울부짖는 소리가 들리는 듯했다.

라 리나센테 La Rinascente

두오모와 갈레리아 사이에 있는, 밀라노 시내의 유일한 백화점. 리나센테는 이탈리아어로 '르네상스' 즉 '재탄생'을 뜻한다. 우리가 흔히 '이름대로 된다'는 말을 하는데, 리나센테만큼 그 이름대로 된 곳도 드물 듯하다. 1865년 문을 열어 1917년 보수공사를 했는데, 다음 해인 1918년 전기화재로 소실됐다가 3년 뒤 재단장해 개장했다. 2차 대전 중 폭격으로 무너졌다가 1950년 또다시 일어섰다. 이탈리아에서 드물게 한국과 일본처럼 모든 분야의 상품을 쇼핑할 수 있다. 개인적으로는 독특하고 매력적인 디자인의 그릇, 인테리어, 라이프스타일 제품을 판매하는 지하 1층을 가장 좋아한다. 7층에는 고메 슈퍼마켓과 함께 테라스 카페 레스토랑이 있다. 두오모를 감상하기엔 여기보다 좋은 곳이 없다. 커피와 음식도 훌륭하다. 월요일부터 토요일은 오전 9시부터 오후 9시까지, 일요일은 오전 10시부터 오후 8시까지 오픈한다.

| Via Santa Radegonda 3, 02 288 521

저 멀리 보이는 Rinascente 간판

밀라노에서 가장 오래된 파스티체리아(제과점 겸 카페)일뿐 아니라 가장 맛있는 커피와 페이스트리를 낸다는 평가를 받는 이곳은 1824년부터 지금까지 마르케지 가문이 운영하고 있다. 화요일부터 월요일은 오전 8시에서 오후 8시까지, 일요일은 오전 8시부터 오후 1시까지 연다. ▎Via Santa Maria all Porta 11a, 02 876 730, www.pasticceriamarchesi.com

오래된 파스티체리아에서 마시는 커피는 어떤 맛일까?

이탈리아 사람들은 아침을 아주 간단히 먹는다. 커피 한 잔에 비스킷이나 빵 한 조각이 전부다. 우리는 아침을 잘 먹어야 몸에 좋다고 하지만, 이탈리아 사람들은 아침을 적게 먹는 것이 건강에 좋다고 믿는다. 카페나 파스티체리아에 들어서면 바bar라고 부르는 커피 코너가 있다. 손님들이 바 앞에서 커피를 마시고, 뒤에선 바리스타barista가 커피를 뽑는다.

그냥 커피(카페)를 달라면 에스프레소를 내준다. 이탈리아에선 에스프레소가 가장 일반적인 커피이다. '카페 노르말caffe normal'은 '그냥 커피'란 뜻인데, 이렇게 주문하면 에스프레소를 달라는 소리다. 아침 식사용 페이스트리로는 대개 브리오시brioche를 먹는다. 이탈리아에선 크루아상을 브리오쉬라고 부른다. 프랑스에서 크루아상이 전해지면서 이름을 헷갈린 모양이다. 하긴 우리가 만두(饅頭)라고 부르며 먹는 그것도 정확하게는 교자(餃子)가 아니던가.

　밀라노, 아니 이탈리아, 아니 세계 최고의 식료품점. 밀라노, 아니 이탈리아, 아니 세계 최고의 햄, 치즈, 캐비아, 와인, 홍차, 초콜릿이라면 여기서 살 수 있다. 1883년 체코 출신 페렌츠 펙이 문 열었다. 2층 티룸에서는 애프터눈티를 즐길 수도 있지만, 점심 때 가볍게 식사하기도 좋다.

┃Via Spadari 9, 02 860 842

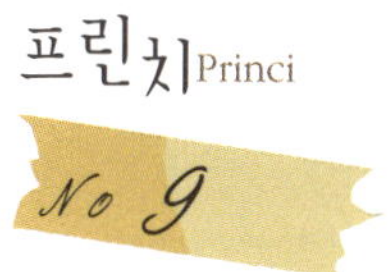

　　스타 제빵사 로코 프린치가 운영하는 빵집. 조지오 아르마니 매장을 설계해 유명해진 건축가 클라우디 실베스트린이 디자인했다. 장식 없이 간결하고 우아한 매장에서 아르마니가 디자인한 유니폼을 입은 종업원들이 맛있는 빵을 판다. 피자, 포카치아, 파스타 등 간단하게 식사할 만한 메뉴도 많다. 플래그십 매장(Piazza XXV Aprile 5, 02 290 608 32)과 두오모 근처 매장(Via Speronari 6, 02 874 797)을 포함 밀라노 시내에 여러 매장이 있다.

| www.princi.it

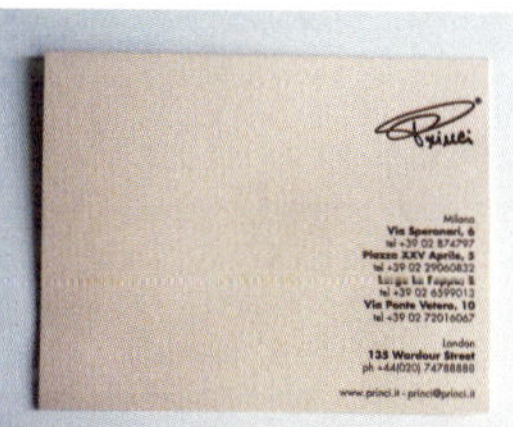

피자, 포카치아, 파스타 등 간단하게 식사할 만한 메뉴도 많다.

크락코_{Cracco}

펙과 요리사 카를로 크라코가 손 잡고 문 연 식당. 카를로가 밀라노식 에스칼로프escalope, 안초비 리조토 등 전통 요리를 현대적으로, 자기식으로 재해석해 내놓는다. 펙이 후원하고 있으니 식재료가 밀라노에서도 최상급인 건 두말할 필요 없다. 가격은 세트 메뉴가 110~150 유로 정도로 비싼 편이다. 지하에 있어서 창문 밖으로 밀라노 풍광을 감상하며 식사하지는 못한다.

▌Via Victor Hugo 4, 92 876 774

10 코르소 코모_{10 Corso Como}

이탈리아 엘르 편집장 카를라 소차니가 기획했다. 서울 청담동에 분점이 있다. 코르소 코모거리 10번지에 있는 큰 집을 개조해 1991년 오픈했다. 패션에 관심 있는 이들에겐 이미 성지 같은 곳이다. 최첨단 의류뿐 아니라 디자인, 건축, 그래픽아트, 인테리어 따위 분야와 관련된 다양한 물건과 서적을 팔고 있으니 패션에 관심이 없더라도 구경하기 좋다. 특 히 1층 카페가 멋지다. 약간 떨어진 비아 타졸리(Via Tazzoli)

3번지에 아웃렛 매장이 있다. ▌02 290 026 74, www.10corsocomo.com

밀라노에서 밀라노 전통 음식 맛보기란 쉽지 않다. 워낙 여러 지역과 국가 사람이 이주해 살기 때문이다. 이 트라토리아는 밀라노음식을 제대로 낸다고 평가 받는 식당 중 하나다.

밀라노 대표 음식으로 리소토risotto alla Milanese와 비텔로 토나토vitello tonnato, 오소 부코osso buco가 있다. 리조토는 쌀에다 육수를 부어 천천히 저어가며 끓여 익힌 다음 버터와 치즈를 듬뿍 넣어 맛을 내는 음식이다. 쌀알 속은 설익고 겉은 죽처럼 끈적해야 제대로 된 리조토라고 이탈리아 사람들은 좋아한다. 밀라노식 리조토는 사프란을 넣어 노란색을 내는 것이 특징이다. 비텔로 토나토는 삶아서 차갑게 식힌 다음 종잇장처럼 얇게 저민 송아지고기에 마요네즈에 버무린 참치를 바른 요리다. 짭짤한 케이퍼를 곁들여 내기도 한다. 송아지 고기도 익숙하지 않은데, 거기다 참치 마요네즈 소스를 바른다니 그 맛을 상상하기 힘들다는 한국 분이 많았다.

트라토리아 알라 페사에서 리조토 알 살토risotta al salto를 맛보기를 권한다. 다른 식당 메뉴에선 찾기 힘들다. 리조토를 냄비 바닥에 얇게 펴서 눌러가며 앞뒤로 노릇노릇하게 익힌다. '살토'는 이탈리아말로 '점프하다' '뒤집다'로, 한쪽을 익힌 다음 뒤집어 점프시켜 만든 리조토란 뜻이다. 겉은 바삭하고 고소하면서 속은 촉촉하고 부드럽다. 오소 부코는 송아지 정강이뼈를 안심 스테이크 모양으로 두껍게 잘라 육수와 토마토, 각종 향신료를 넣고 푹 익힌 요리다. 뼈를 먹는 건 당연히 아니고 뼛속에 들어있는 골수를 파먹는다. 옥수수가루로 만드는 걸쭉한 죽 같은 음식인 폴렌타_{polenta}를 곁들인다. 폴렌타를 묵처럼 단단하게 만들어 네모나게 잘라 내기도 한다.

루이니 Luini

　이탈리아 사람들은 식당에서 줄 서서 기다리지 않는다. 그렇게까지 해 가면서 먹을 필요를 느끼지 못하는 듯하다. 그런데 그들이 줄 서는 걸 여기서 봤다. 두오모 맞은편, 리나셴테 옆 골목 안에 있는 작은 빵집이다. 다른 빵도 팔긴 하는데 다들 판체로티panzerotti를 사 먹는다. 판제로티는 둥그런 반죽에 토마토 소스와 모차렐라 치즈 등을 넣고 반으로 접어서 기름에 튀긴 빵이다. 인기가 많아서 고속도로 휴게소 같은 곳에서도 어렵지 않게 볼 수 있다. 하지만 여기처럼 맛있는 곳은 드물다. 대개는 미리 튀겨놔 기름에 절은 맛이 나는데, 여기는 갓 튀겨내 신선하다. 또 토마토와 모차렐라 품질이 뛰어나다. 다른 속 재료를 넣은 판제로티도 먹어봤지만, 토마토와 모차렐라의 조합만큼 탁월하진 못했다. 50년 전 아고스티노 루이니가 풀리니에서 올라와 오픈한 빵집이 이제 밀라노의 명물이 됐다.

판체로티를 사러 온 사람들

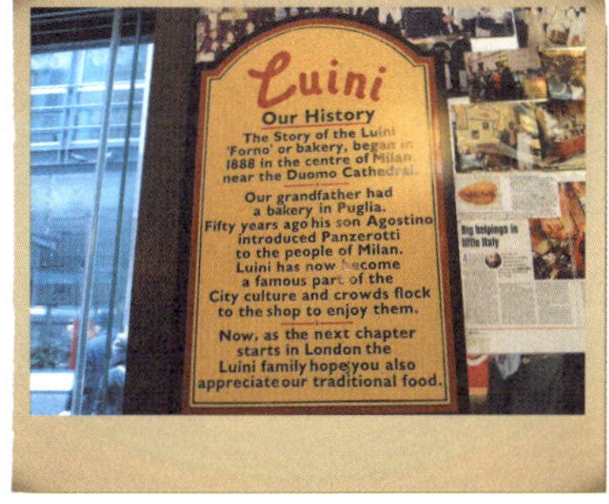

안티카 포카체리아 산 프란체스코 Antica Focacceria San Francesco

시칠리아 팔레르모의 유명 식당 분점이다. 본점은 소의 부속 부위를 삶아 빵에 넣은 파니노로 유명한데, 여기는 시칠리아 음식을 두루 판다. 토마토, 올리브 오일, 생선, 채소를 많이 사용하는 시칠리아 스타일 음식이 한국사람 입에는 잘 맞는다. 시칠리아는 풀리아와 함께 빵이 맛있기로 유명하다. 그건 이탈리아 나머지 지역의 빵이 종이를 씹는 것처럼 무미하기 때문이기도 하다.

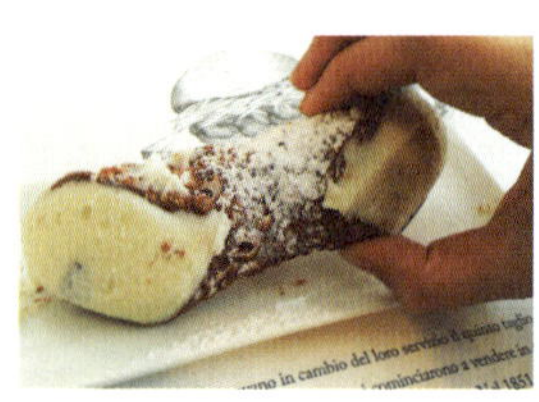

황새치 살을 생으로 저며 얹은 샐러드

모스카텔리 Moscatelli

No 15

간판에는 보틸리에리아bottiglieria라고 적혀있지만 와인숍보단 에노테카enoteca 그러니까 와인바에 더 가깝다. 점심때는 파스타나 리조토, 간단한 고기 요리 따위로 가볍지만 맛있게 식사할 수도 있다. 프로슈토 따위 햄이나 꿀과 함께 나오는 치즈를 안주 삼아 와인잔을 기울이는 맛도 괜찮다. 금요일부터 토요일은 자정까지 문 연다. 일요일은 닫는다.

▎주소 Corso Garibaldi 93, 전화 02 655 4602

다양한 메뉴들

골든 트라이앵글Golden Triangle

한국 관광객 중 여성이라면 밀라노의 '골든 트라이앵글'을 들어보았을 것이다. 몬테나폴레오네Via Montenapoleone, 스피가Via della Spiga, 산탄드레아Via Sant' Andrea라는 세 길이 만드는 삼각형 모양 지역이 골든 트라이앵글이다. 프라다, 구찌, 미소니, 발렌티노, 조지오 아르마니 등 이탈리아를 대표하는 브랜드가 몰려있어 황금 삼각형이라 불린다.

황금 삼각형에서 보는 고급 브랜드들

테이블 위에 놓은 아페리티보와 와인

이탈리아 북부의 독특한 식전주 문화는 '아페리티보'이다.

아페리티보는 원래 식욕을 돋우는 음료를 뜻한다. 프랑스 아페리티프(aperitif)나 영어권의 애피타이저(appetizer)와 어원이 같다. 그런데 술만 마시려니 밋밋했다. 술집들은 아페리티보에 안주의 양과 가짓수를 늘렸다. 아페리티보 문화는 1990년대 중반 밀라노에서 시작됐다고 알려졌다.

아페리티보로 가장 인기 있는 음료는 '스프리츠(spritz)'이다. 화이트 와인에 탄산수, 리큐어를 섞은 칵테일이다. 아페롤(Apcrol), 캄파리(Campari), 시나르(Cynar), 셀렉트(Select) 4가지 이탈리아 리큐어 중 하나를 고르면, 그걸 사용해 스프리츠를 만들어준다. 특정해서 말하지 않을 경우 바텐더는 대개 아페롤을 사용한다. 주황색이고 씁쓸 달콤하다. 캄파리는 아페롤과 비슷하지만 더 쓰고, 셀렉트는 붉은색이고 쌉쌀한 오렌지 맛이다. 시나르는 아티초크를 이용해 만드는 리큐어로 특유의 향이 사람에 따라 호불호(好不好)가 강하다. 화이트 와인 대신 프로세코 따위 스파클링 와인을 사용하기도 한다.

코바 Cova

1817년 라 스칼라 옆에 문 열었다가 2차대전이 끝난 뒤 지금 자리로 옮겨왔다. 골든 트라이앵글 한복판에 있어서 쇼핑하다가 다리 쉬기 좋다. 바에 기대서서 에스프레소 한 잔을 시켜놓고 홀짝거리다 보면 나온 세계 유명인사들을 어렵잖게 볼 수 있다. 커피만큼 페이스트리나 케이크도 훌륭하다.

| Via Montenapoleone 8, 92 760 005 78, www.pasticceriacova.it

발렉스트라 Valextra

명료한 직선적 디자인과 선명하고 채도 높은 컬러의 가죽제품으로 명성 높은 밀라노 가죽브랜드 이름이다. 본점(Via Manzoni 3, 02 997 860 60)이 피아자 산 바빌라에 있지만, 밀라노 사람들은 비아 체르바(Via Cerva 11)에 있는 아웃렛에 숨은 보석을 건지러 간다. 시내에 있지만 찾아가기가 아주 쉽지는 않을 수도 있다.

| www.valextra.it

체나콜로 빈치아노 Cenacolo Vinciano

"레오나르도 다빈치의 '최후의 만찬'을 이탈리아말로 '체나콜로 빈치아노'라고 한다. 말 그대로 이 작품을 보호하는 미술관이다. 다빈치의 몇 안 되는 완성 작품을 보여주기보다는 더 이상의 파괴와 퇴락으로부터 보호하기 위해 모든 초점이 맞춰져 있다.

Piazza Santa Maria delle Grazie 2, 02 894 211 46

산타 마리아 델레 그라치에 교회 식당 벽에 그린 그림이다. 과거 유럽에서 벽화는 대게 프레스코fresco 기법으로 그렸다. 벽회 석회가루로 회칠을 하고, 회칠이 마르기 전 신선한fresco 상태일 때 물감을 바르는 것이다. 프레스코는 회칠이 마르기 전에 빨리 그려야 힌다는 단점이 있지만, 일단 회칠이 마르면 그림이 쉽게 파손되거나 변하지 않는 장점이 있다.

레오나르도는 프레스코화의 장점에 만족하기보다 단점에 불편을 느꼈던 듯하다. 그래서 '유성 템페라'라는 새로운 기법을 고안해 최후의 만찬을 그렸다. 템페라는 유약을 달걀노른자에 개 물감으로 사용하는 기법으로, 주로 목판에 작은 그림을 그릴 때 사용했다. 느리고 꼼꼼한 레오나르도의 작업 스타일에 꼭 맞았다. 하지만 벽화에 사용하기에는 보존성이 부족했다.

레오나르도 다빈치 얼굴이 보이는 미술관 팸플릿

저 멀리 보이는 뾰족한 지붕이 미술관이다.

레오나르도가 죽기도 전 이미 그림이 떨어져 나갔다. 사람이 내쉬는 숨과 음식이 뿜는 김이 많을 수밖에 없는 식당이라 더욱 빨리 작품을 훼손시켰다. 식당은 탄약고로 사용되기도 했고 폭격을 당하기도 했는데, 벽에 모래포대를 쌓아놨던 덕분(작품을 보호하기 위해서는 아니었다)에 기적적으로 살아남을 수 있었다. 19세기 시도된 복원작업에서는 솜에 알코올을 묻혀 얼룩과 때를 벗겨냈는데, 레오나르도가 칠했던 오리지널 물감까지 벗겨내 오히려 작품을 더 훼손시키기도 했다.

이탈리아 정부는 22년에 걸친 정교한 최첨단 보수작업을 1999년 마치고 최후의 만찬을 일반에 공개했다. 그림을 보려면 적어도 사나흘 전에 관람 예약을 해야 한다. 그것도 인터넷은 안되고 전화로만 가능하다. 관람실 내 습도 조절을 위해 1회 입장 인원을 25명 정도로 제한하기 때문에, 사람이 몰리는 여름 휴가철에는 몇 개월 전에는 전화해야 한다. 담당 직원과 연결되면 예약번호와 방문시간을 불러준다. 그러면 예약된 날짜에 예약된 시간보다 30분 먼저 도착해 티켓 창구에 예약번호를 말해야 한다. 늦게 도착하면 대기 중이던 사람에게 관람권이 넘어간다.

짜증 나고 번거로운가? 물론, '편법'이 있다. '자니 비아지Zani Viaggi'란 여행사의 가이드투어를 신청하면 된다.

❚ 02 867 131, www.zaniviaggi.it

미술관의 전체 모습.
이 미술관에 레오나르도 다빈치 그림이 있다.

여행사에서 예약해놓기 때문에 원하는 날짜에 기다리지 않고 최후의 만찬을 볼 수 있다.

암브로시아나 미술관 Pinoteca Ambrosiana

No 21

밀라노에서 가장 오래된 미술관으로, 1618년 개관했다. 역사뿐 아니라 컬렉션이 이탈리아 최고 수준인데도 널리 알려지지 않아 안타깝지만, 붐비지 않아 다행이다. 미술관이 가장 내세우는 소장품은 레오나르도 다빈치의 스케치 구상을 모은 책 '코덱스 아틀란티쿠스' 다. 하지만 조명이 어두워 잘 보이지 않았고 그다지 감동도 없었다.

카라바죠 Caragavaggio가 그린 '과일 바구니 Canestro di Frutta' 가 개인적으론 가장 좋았다. 카라바죠는 현대에 들어 재평가되면서 인기가 급부상한 바로크 시대 화가다. 물방울이 맺혀있을 정도로 싱싱하고 먹음직스럽지만, 곧 상하는 과일을 통해 인생의 덧없음을 표현한 걸작이다. 이탈리아 최초의 정물화라는 점에서 미술사에서 특히 중요한 평가를 받는다. 라파엘로, 티치아노, 티에폴로 작품도 있다.

| Piazza Pio XI 2, 02 806 921, www.ambrosiana.it

미술관 전경

브레라 미술관 Pinacoteca di Brera

나폴레옹은 이탈리아 북부를 통합해 '이탈리아왕국'을 만들고 자신이 왕이 됐는데, 그때 밀라노를 수도로 삼았다. 그리고 브레라 궁Palazzo di Brera를 만들었다. 지금은 미술관과 미술대학이 있다. 만테냐의 '죽은 그리스도Dead Christ', 라파엘의 '성처녀의 결혼Marriage of the Virgin', 벨리니의 '성모와 아기Madonna and Child', 카라바조의 '엠마오의 저녁 식사Supper at Emmaus' 등 14세기부터 20세기에 만들어진 수많은 걸작이 전시됐다.

┃ Via Brera 28, 02 722 632 29, www.brerabeniculturali.it

미술관에 있는 고풍스럽고
우아한 모습의 벽시계

그림을 감상하는 사람들

미술관 정원에 우뚝 서있는 동상

미술관에 있는 고풍스럽고
우아한 모습의 벽시계

'브레라' 궁을 알리는 이정표

브레라 궁 주변 지역을 말한다. 두오모와 스칼라 바로 위에 있다. 미술대학이 들어서면서 예술가들이 모여들어 이들의 작품을 사고파는 갤러리와 이들이 즐겨 찾는 값싼 바, 특색 있는 카페와 식당이 생겨났다. 서울 홍대 앞과 비슷한 분위기다.

예술가 느낌이 나는 가게

궁 주위에 있는 예쁜 건물

카스텔로 스포르체스코 Castello Sforzesco

정식 이름은 카스텔로 스포르체스코 시립 박물관Musei Civici del Castello Sforzesco. 오랫동안 밀라노를 통치한 스포르차Sforza 가문이 살던 성(城)이자 궁전으로 1904년 일반에 공개됐다. 선사시대 미술품부터 이집트 유물, 벨리니 티에폴로 만테냐 코레조 티치아노 반다이크 등 이탈리아와 유럽 주요 예술가의 작품, 가구 무기 등 공예품, 악기, 사진 등 다양한 예술품을 소장하고 있다. 월요일 쉰다.

| Piazza Castello, 02 884 637 03, www.milanocatello.it www.comune.milano.it/museimostre

다양한 표정과 크기의 조각상이 벽에 걸려 있다.

미켈란젤로가 남긴 '론다니니 피에타Rondanini Pieta'를 보려고 갔다. 미완성 조각상이다. 로마 론다니니 궁에 있다가 2차 대전이 끝나고 밀라노에 기증됐다. 피에타란 슬픔, 절망이란 뜻으로 미술에서는 마리아가 십자가에서 죽은 아들 예수를 무릎에 안고 슬퍼하는 그림이나 조각을 말한다.

미켈란젤로는 1550년대 초반 이 작품을 시작했지만 1564년 사망할 때까지 완성하지 못했다. 돌을 쪼아내던 정 자국이 선연하다.

주름과 수염까지 세밀하게 표현한 조각

론다니니 피에타.
나는 이것을 보러 왔다.

236

5

피렌체

Firenze

전문Introduction
No 1

올리브 나무와 포도밭이 점점이 박힌 산비탈, 여인처럼 부드럽고 관능적인 구릉, 길모퉁이를 돌 때마다 나타나는 중세 성채, 시리도록 푸른 하늘……. '이 탈리아' 하면 머릿속에 떠오르는 이미지가 바로 '토스카나Toscana' 다. 그리고 피렌체는 이 토스카나를 상징하는 도시이다.

꽃이라는 도시 이름처럼 르네상스를 화려하게 꽃피우면서 서양문화의 영원한 종주권을 획득한 도시이기도 하다. 이탈리아 아니 유럽에서 단 한 도시를 봐야 한다면 이곳을 꼽아야 하지 않을까 싶기도 하다. 이곳은 언제나 관광객으로 복작대지만, 그나마 덜 붐비면서 날씨가 좋은 봄이 피렌체를 방문하기 가장 좋은 시즌이다.

산타 마리아 노벨라 역F. S. Santa Maria Novella에서 나오니 두오모가 보였다. 두오모는 피렌체 최고의 랜드마크이다. 관광객에게는 반드시 봐야 할 명소이자, 시내 어디서건 내가 있는 위치를 확인할 수 있는 이정표가 된다.

정식 이름은 산타 마리아 델 피오레 대성당Cattedrale di Santa Maria del Fiore이고, 중세 고딕 건물이다. 본당을 보면 흰색과 초록색, 분홍색 대리석으로 아름답게 장식됐다. 중세 전성기였던 1296년 착공해 150여 년 뒤, 르네상스가 만개한 1436년 완공됐다.

본당을 덮은 돔이 르네상스 양식이다. 르네상스 시대 피렌체에서 활동하던 예술가들의 리더 역할을 한 필리포 브루넬레스키Fillippo Brunelleschi가 설계했다. 한국사람들은 나처럼 돔을 감상하기 위해서가 아니라 돔 정상에 서기 위해서 두오모를 찾는다. '냉정과 열정사이'의 주인공들처럼. 두오모를 정면에서 봤을 때 오른쪽에 있는 출입구인 포르타 델라 만도를라Porta della Mandorla에 돔 꼭대기로 올라가는 계단이 있다. 영화의 팬이 아니더라도 충분히 걸어올 만한 전망이다. 피렌체에서 둘째 가는 전망이다. 왜 첫째가 아니냐고? 두오모를 볼 수 없으니까. 최고의 전망은 두오모와 함께 피렌체를 볼 수 있는, 아르노Arno 강 건너편 언덕에 있는 미켈란젤로 광장이다.

세례당 Battistero

닫힌 문틈으로 세례당을 들여다 보는 관광객

11세기 만들어진 로마네스크 양식의 팔각형 건물이다. 내부를 장식한 화려한 모자이크도 볼 만하지만, 문 바깥쪽을 장식한 금박동판이 백미다. 동쪽과 북쪽, 남쪽 문이 유명하다. 문은 28개 작은 정사각형으로 나뉘는데, 이 정사각형 하나하나를 성경에 나온 이야기들을 조각한 동판銅板 부조를 새겨 넣었다. 남문南門은 1336년 안드레아 피사노Andrea Pisano가 만들었다. 인물 묘사가 세밀하지만, 표정이나 동작이 어딘지 뻣뻣한 중세 작품이다. 동쪽과 북쪽 문의 부조는 로렌조 기베르티Lorenzo Ghiberti가 만들었다. 피사노와 비교하면 인물들이 훨씬 자연스럽다. 피사노와 기베르티 사이에 르네상스가 그만큼 확산된 것이다. 특히 동문東門은 미켈란젤로가 "천국의 문Porta del Paradiso, Gate of Paradise이 되기에 충분하다"고 감탄한 이후로 그렇게 불리고 있다. 정교한 복사품이다. 진품은 두오모 박물관Museo dell' Opera del Duomo에 전시돼 있다.

세례당 외관

두오모에서 칼자이올리Via de' Calzaiuoli를 따라 걸으면 금방 시뇨리아 광장에 들어선다. 처음피렌체에 왔을 때 두오모와 시뇨리아 광장이 너무 가까워 놀랐다. 이 작은 도시에서 그 많은 역사와 예술과 문화가 피어났다니. 피렌체가 얼마나 농축된 도시인지 새삼 느낄 수 있었다.

중세부터 지금까지 피렌체 정치 중심이다. 광장을 굽어보는 베키오 궁은 피렌체공화국 정부청사이자 의회였다가 메디치 가문이 주거하는 궁이 됐다가 현재는 피렌체시장 집무실로 이용되고 있다. 베키오와 연결된 우피치Uffizi는 옛 피렌체 말로 사무실office이란 뜻으로, 메디치 가문의 코지모 1세Cosimo I가 부하 관료들이 일할 공간이 필요해 미술가이자 건축가이자 미술평론가였던 조르지오 바사리Giorgio Vasari 명령해 세워졌다. 광장은 세계에서 가장 아름다운 야외 조각공원이기도 하다. 베키오 궁 옆에 있는 넵튠 분수Fontana di Netuno는 바르톨로메오 아마나티Bartolomeo Amannati가 만들었다. 피렌체 사람들은 이 대리석 조각을 '일 비앙코네Il Biancone'라고 부르는데, 직역하면 '크고 흰 것'이란 뜻이다.

미켈란젤로는 이 작품을 보면서 "이 좋은 대리석을 이렇게 망가뜨리다니"라며 안타까워했다고 한다. 미켈란젤로의 다윗 조각상은 베키오 입구에 있다. 진품은 아카데미아 미술관Galleria dell' Accademia에 있다. 다윗 옆에 서 있는 사자상의 이름은 마르조코Marzocco이다. 도나텔로Donatello가 만들었다. 진품은 바르젤로미술관Museo del Bargello에 소장됐다. 마르조코란 이름의 유래는 정확하지 않은데 아마도 전쟁의 신 마르스Mars에서 왔다고 추정된다. 마르조코는 피렌체의 상징으로, 용맹한 피렌체 군인들은 '마르조코의 아들' 이란 뜻인 '마르조케스키Marzocheschi' 이라고 불렸다. 사자가 앞발 하나를 얹은 방패에는 피렌체의 또 다른 상징인 백합이 새겨져 있다. 광장 중앙 근처 기마상騎馬像의 주인공은 코지모 1세로, 1594~98년 지암볼로냐Giambologna가 만들었다.

시뇨리아 광장에 모인 사람들

로지아 델라 시뇨리아 Loggia della Signoria

베키오 맞은편에 있는 로지아는 본래 공식 행사를 거행하던 곳이나 지금은 조각품 전시장처럼 됐다. 관광객마다 작품을 훼손하거나 파괴할 수도 있다고 생각하는지 눈초리를 거두지 않는 경비인들이 기분 나쁘긴 하지만, 그럴 만한 조각품들이다. 로마 때 만

들어진 작품부터 지암볼로냐, 벨리니까지 전시돼 있다. 로지아로 올라가는 계단에 걸터앉아 잠시 쉬거나 시뇨리아 광장을 감상하기에도 좋다.

베키오 궁 Palazzo Vecchio

원래 이름은 시뇨리아 궁 Palazzo della Signoria 였지만, 이제는 베키오 궁이라 통한다. '옛 궁' 이란 뜻이다.

스페인 공주로 코지모 1세에게 시집 온 엘레오노라 Eleonara de Toledo 는 베키오가 너무 좁다며 갑갑해 했다. 코지모는 아내를 위해 1549년 아르노 강 건너

편에 있는 피티 궁Palazzo Pitti을 구입해 이사했다. 피티가 신궁新宮이 되면서 시뇨리아 궁은 자연 구궁舊宮이 된 것이다.

성채처럼 견고하게 생긴, 전형적인 고딕 양식 건물이다. 1298년부터 1314년까지 아르놀포 디 캄비오Arnolfo di Cambio가 설계하고 건축했다. 피렌체 어디서나 보이는 아르놀포 탑Torre Arnolfo는 높이가 94미터로, 역시 피렌체 시내 어디서나 보이는 두오모와 함께 이 도시를 대표하는 랜드마크이다.

피렌체공화국 집정관 프리오리Priori가 임기 동안 지내면서 공무를 보던 곳이었다가, 메디치 가문이 사실상의 지배자로 등장하면서 집무실 겸 주거지로 만들었다. 코지모가 1540년 메디치 궁Palazzo Medici에서 여기로 이사하면서 바자리에게 새 방을 만들고 장식하는 '인테리어 시공'을 맡겼다.

다윗과 마르조코가 양옆을 지키는 입구를 들어서면 중정courtyard이다. 르네상스 초기 활동한 미켈로치Michelozzi가 1453년 단장했고, 1세기쯤 뒤 프란체스코 메디치가 오스트리아 요안나 공주와 결혼하면서 재단장했다. 금박과 다양한 색깔이 아주 화려하다.

견고해 보이는 시계탑

멋진 조각상을 감상하는 사람들

248

리부아르 Rivoire

1872년 토리노에서 온 초콜릿 전문가 엔리코 리부아르가 오픈했다. 토리노는 브뤼셀, 파리와 함께 유럽 3대 초콜릿 생산지로 이름 높다. 가게 그리고 주인 이름이 프랑스식인 건 토리노가 원래 프랑스 영향을 많은 받은 지역이기 때문이다. 토리노는 이탈리아를 통일한 사보이왕가의 근거지인데, 왕실에서 이탈리아어보다 프랑스어를 썼을 정도로 프랑스문화권에 속해있었다. 여기선 커피 대신 초콜라타cioccolata를 마셔보시라. 유럽식 핫 초콜릿으로, 초콜릿 풍미가 강하면서 달지 않은 어른스러운 맛이다.

| Piazza della Signoria 4/r, 055 214412

이탈리아 역사에서는 자치도시인 코무네comune의 모든 권력을 장악한 사람을 시뇨레signore 그리고 이런 시뇨레가 통치하는 정치제도를 시뇨리아라고 불렀다. 피렌체에서는 시뇨리아가 '정부'라는 뜻으로 사용됐다.

12세기 자치권을 얻어 도시공화국이 된 피렌체는 프리오리priori라 불렸던 12명의 집정관이 의회라고 할 수 있는 백인위원회Consiglio di Cento와 함께 다스렸다. 프리오리는 땅을 세습하는 전통적 의미의 귀족 가문과 메디치처럼 금융이나 상업으로 큰돈을 번 신흥귀족, 7개의 주요 동업조합guild 대표 중에서 선출됐다. 실제 정치에 참여할 수 있었던 건 돈과 권력을 가진 도시 남성 인구의 4분의 1 정도였고, 대다수인 나머지 시민들은 목소리를 내기 어려웠다.

지주인 전통귀족과 대상인들로 구성된 신흥귀족은 이해가 다를 수밖에 없었고, 서로를 무시했다. 도시 지배층은 차츰 둘로 나뉘었다. 기벨리니Ghibellini는 신성로마제국 황제에게 충성하는 전통귀족들이고, 구엘피Guelfi는 교황에게 충성하는 신흥귀족들을 말한다. 전통귀족들이야 자신들을 책봉하고 영지를 나눠준 황제에게 붙을 수밖에 없었고, 땅이 없는 상인 출신 귀족들은 황제와 버금가는 세력을 가졌던 교황의 권위에 기대 전통귀족들과 맞설 수밖에 없었을 것이다.

피렌체는 상업으로 흥한 도시여서 메디치 등이 속한 구엘피가 기벨리니를 누르고 피렌체의 패권을 차지했다. 그러나 구엘피 내부에서 분란이 일어났고, 결국 '흑당黑黨' 네리Neri와 '백당白黨' 비앙키Bianchi가 치열하게 다퉜다. 이 주도권 싸움에서 비앙키가 패했다. 단테Dante가 1302년 피렌체에서 추방당한 것도 그가 비앙키에 속했기 때문이다.

초기 네리파를 주도한 가문은 알비치Albizi였다. 그러나 많은 가문이 알비치에 반기를 들었고, 메디치 가문의 코지모 주변으로 모여들었다. 코지모는 결국 통치권을 확보했고, 15세기 이후로 피렌체는 메디치 가문이 실질적인 통치자가 됐다. 코지모의 손자 로렌초Lorenzo는 '위대한 로렌초'라고 불릴 정도로 피렌체의 전성기를 가져왔다. 로렌초는 통치자나 행정관으로는 탁월했는지 모르나 비즈니스맨으로서는 실격이었다. 메디치 가문의 은행은 로렌초 시대에 파산했고, 이후 다시는 코지모 때의 규모를 되찾지 못했다.

이 프라텔리니 I Fratellini

피렌체에서 가장 작은 와인바. 말 그대로 벽에 뚫린 구멍에 불과한 가게다. 1875년부터 이 사리에 있었다. 주민들과 관광객들이 가게 앞에 서서(앉을 자리가 아예 없으니까) 와인을 홀짝거리거나 주문하면 바로 만들어주는 파니니를 우걱우걱 씹어 먹는다. 와인이나 파니니나 값도 싸고 맛도 괜찮다. 유쾌하게 일하

비 오는 날에도 이 프라텔리니 앞에 줄 서있는 사람들

는 주인 덕분에 손님들도 즐겁다. 격식을 차릴래야 차릴 수 없는 분위기다. 다 마신 와인과 파니니 먹고 입 닦은 휴재를 벽에 붙은 나무 선반에 놓고 가면 끝.

Via dei Cimatori 38r, 055 2396096

산타 트리니타 다리 Ponte Santa Trinita

No 10

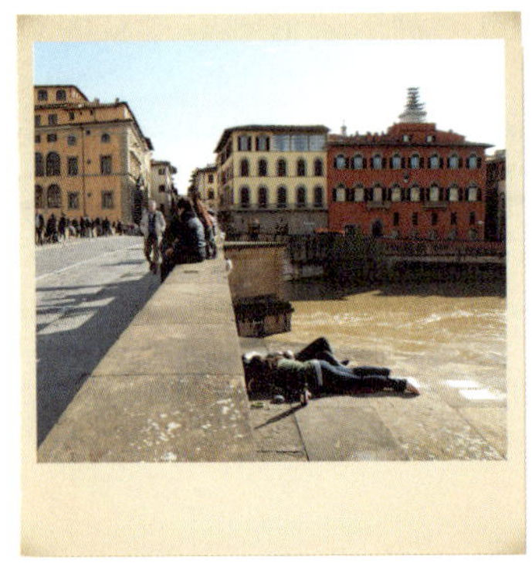

따뜻한 봄 햇볕을 즐기는 스타일리시한 커플과 피렌체의 수많은 명소를 찾아다니느라 지친 관광객들이 난간에 걸터앉아 쉬고 있다. 이곳은 폰테 베키오를 감상하기 가장 좋은 포인트이기도 하다.

코지모 데 메디치 1세의 명령으로 바사리가 설계에 착수했다가 미켈란젤로가 한몫 거드는가 싶더니 결국은 아마난티Ammananti가 1567년 완공했다. 다리에 세워 사계절을 상징하는 조각상들은 피에트로 프란카빌라Pietro Francavilla가 만들었다. 피렌체를 점령했다가 퇴각하던 나치 독일군이 1944년 폭파시킨 다리를 1958년 복원했다.

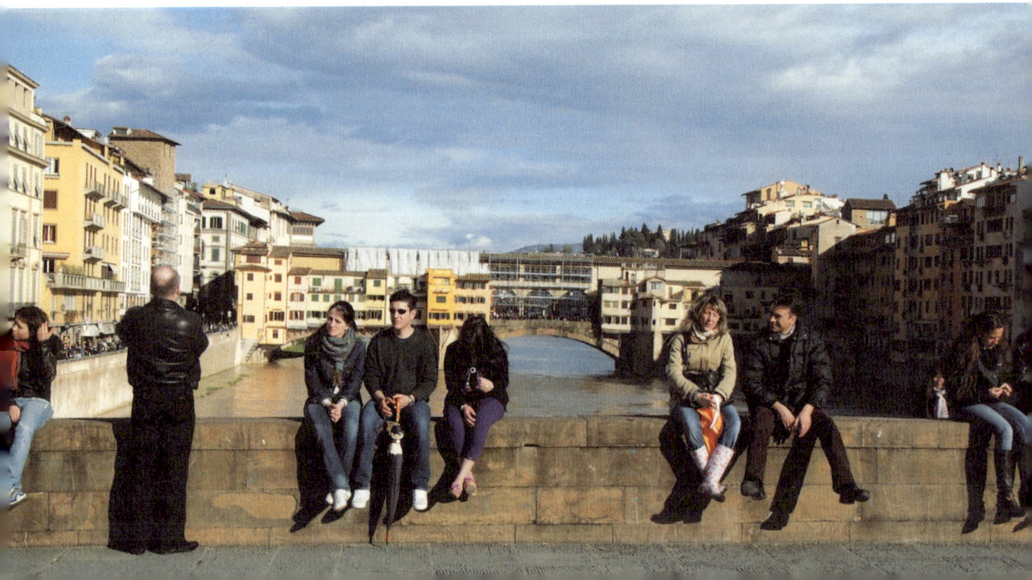

베키오 다리 Ponte Vecchio

No 11

이름에 걸맞게 피렌체에서 가장 오래된 다리다. 2차 대전 끝 무렵 후퇴하던 독일군이 아르노 강에 놓인 모든 다리를 폭파하면서 유일하게 이 다리만 그대로 둬서 이 다리만 옛날에 세워진 그대로이고, 나머지는 1950년대 복원된 다리들이다. 다리 위에 상가가 있는 전형적인 중세풍 다리다. 알록달록한 레고블록을 다닥다닥 쌓아 만

이곳은 아르노 강이 가장 좁아지는 지점으로 옛날부터 다리가 있었다.

든 듯 귀엽다. 현재 모습대로 건설된 건 1345년이다. 다리 위 상가들은 금세공전문점과 보석상이다. 그 전에는 푸줏간들이 다리를 차지했다. 페르디난도 데 메디치 1세 대공작이 피티 궁에서 우피치로 가기 위해 다리를 건널 때 악취가 너무 심하다며 다른 곳으로 이전시켰다. 도살한 소와 돼지, 양에 나오는 핏물과 각종 오물, 부속을 아르노 강에서 씻고 버렸다니 냄새가 심했을 것 같다. 다리 중앙에 벨리니 Bellini 청동 흉상이 있다. 흉상 주변에 쇠창살

자물쇠를 채우면 우리 사랑 이대로일까?

을 둘렀는데, 여기에 연인들은 자물쇠를 채운다. 여기에 자물쇠를 채우면 사랑이 영원히 유지된다는 전설이다. 이 전설이 전 세계로 퍼지면서 쇠창살에 채우는 자물쇠 숫자와 무게가 감당하기 어려울 지경이 되자, 피렌체 시 정부는 자물쇠를 채우다 걸리면 벌금 160유로를 부과한다는 경고문을 쇠창살에 붙였다. 예전보다 크게 줄었지만, 그래도 몰래 채워놓은 자물쇠가 꽤 있다.

　베키아 다리 옆에 있는 가죽장갑 가게다. 한국에선 장갑을 사면 늘 손끝이 남는 듯한 느낌이 드는데, 여기는 사이즈를 세분화해 손과 손가락에 꼭 맞는다. 화려하고 선명한 색깔에다 소재도 멧돼지 가죽, 사슴 가죽 송아지 가죽 등 다양하다. 2년 전에 산 장갑 오른손 검지 끝부분 실밥이 풀린 걸 보여주자, 당장 벗으라더니 "고쳐놓을 테니 내일 찾으러 오라"고 했다. 보증서는 필요 없었다. 장인은 자기가 만든 물건을 알아본다.

　마도바는 피렌체의 수많은 가죽장갑 가게 중에서 유일하게 피렌체 시내에 공방을 가지고 있어 실밥이 풀리거나 찢어지는 등 장갑에 문제가 생겼을 때 가져가면 공짜로 고쳐준다. 품질에 비해 가격이 꽤 착하다.

장갑을 살 땐 이곳에서 사는 것을 추천한다.

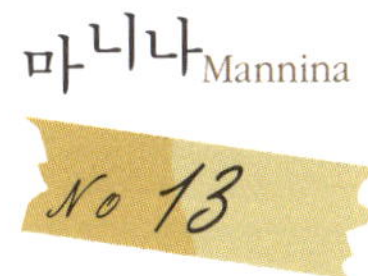

마니나 Mannina

마도바 맞은편에 있는 구두 집. 모든 구두를 주인이 직접 만드는 이른바 수제화 전문점이다. 일본에서 아주 유명한 가게다. 고전적 디자인을 기본으로 자신만의 독특한 변화를 조금씩 주었다. 품질에 비해 가격이 저렴한 편이다. 항상 세일로 내놓은 물건이 있으니 횡재하는 기쁨도 누릴 수 있다. 나는 여기서 멍크스트랩monkstrap 구두를 건졌다. 자기 발 모양에 꼭 맞는 맞춤 구두는 물론 비싸다.

▌ Via Giucchardini 16r, 055 282895, www.manninafirenze.com

구두를 사고 받는 영수증에 가격이 찍혀 있다.

깔끔하게 진열된 신발들

산타 크로체 교회 Basilica di Santa Croce

No 14

'성스러운 십자가' 라는 이름은 프랑스왕 루이 7세가 1258년 이 교회를 세운 프란체스코 수도회에 헌납한 나뭇조각에서 왔다. 이 교회는 유명인이 많이 묻힌 교회로 유명하다. 오른쪽 측랑 첫 번째와 두 번째 제단 사이에 미켈란젤로의 묘가 있다. 그 옆으로 단테 기념비가 그리고 네 번째 제단 옆에 마키아벨리Machiavelli의 묘가 있다.

위대한 작품은 보는 사람에게 감동을 준다. '예술적 충격' 이랄 수도 있을 것이다.

걸작을 보고 감당하기 어려울 만큼 크고 강한 자극을 받아 순간적으로 느끼는 정신적 충동이나 분열을 '스탕달 신드롬' Stendhal syndrome이라고 한다. 프랑스 작가 스탕달Stendhal은 1817년 산타 크로체를 방문했는데, 여기 있는 기도 레니Guido Reni의 작품 '베아트리체 첸치' 를 감상하고 나오다 무릎에 힘이 빠지면서 황홀경을 경험했다고 일기에 적었다. 유명한 미술품이 발에 챌 정도로 많은 피렌체에서 자신의 감수성을 시험해보면 어떨까.

258

이 위대한 시인 단테의 고향 피렌체에는 단테의 묘가 없다. 단테와 관련된 유적이라곤 두오모 근처 가짜 단테의 집, 그리고 산타 크로체 교회 정면 오른쪽에 세워진 단테 대리석상이 전부다.

단테는 라벤나Ravenna에 묻혀있다. 정치적 이유로 1302년 피렌체에서 추방당한 단테는 라벤나에서 망명생활을 하다가 1321년 죽었다. 단테가 '신곡'을 구상한 건 피렌체일지 모르나, 완성한 건 라벤나였다. 그의 무덤Tomba di Dante도 라벤나에 있다. 피렌체는 단테를 객지에서 죽게 한 것에 대한 참회의 마음으로 1321년부터 지금까지 무덤을 밝히는 등잔불을 보내고 있다.

토스카나 어가 이탈리아 표준어가 된 것은 단테 덕분이다. 1861년 통일 당시 이탈리아에는 '이탈리아 어'가 없었다. 피에몬테는 피에몬테 말을, 베네치아는 베네치아말을, 나폴리는 나폴리말을 썼다. 요즘 기준으로 보면 사투리 혹은 방언일 것이다. 하지만 서로 의미가 통하지 않을 정도로 달랐다. 이탈리아 정부가 토스카나 어를 이탈리아 어의 표준으로 정한 건 라틴어가 아닌 이탈리아 어를 사용해 글을 쓴 최초의 지역이 토스카나이기 때문이다. 그리고 이탈리아어로 쓴 작품 중 최초이자 최고로 평가받는 작품이 단테의 '신곡' 이다.

거대한 로마식 개선문과 회전목마가 있는 이 광장은 어딘가 피렌체와 어울리지 못하고 겉도는 느낌이다. 이유가 있다. 개선문 위에 붙은 기념 명판을 보면 'L'ANTICO CENTRO DELLA CITTA DA SECOLARE SQUALLORE A NUOVA VITA RESTITUITO' 라고 새겨져 있다. '오래된 도심이 수 세기 동안의 더러움에서 새로운 삶을 되찾았다' 는 뜻이다. 이게 무슨 뜻인가 하면, 여기 있던 수백 년 된 건물과 거리를 밀어버리고 재개발해 광장을 만들었다는 소리다.

　지금 광장이 있던 자리에는 오래된 시장과 골목 26개, 건물 341개 등이 가득했던 지역이다. 이걸 없애고 19세기 당시 세계 최첨단 도시였던 파리와 버금가는 크고 넓은 광장을 만들었다. 지금이라면 이탈리아에서 있을 수 없는 일이지만, 100여 년 전에만 해도 낡고 오래된 것은 싫고 무조건 새로운 것을 찾았던 모양이다.

　어느 지역공동체건 거쳐야 하는 단계를 거쳐야 비로소 자기 것, 옛것의 소중함을 알게 되는 듯하다.

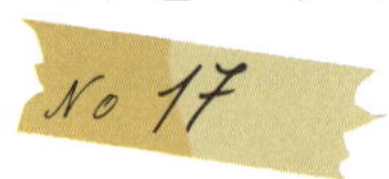

피렌체에서는 카페 테이블에 앉아 웨이터에게 서비스를 받으면 비싸다. 서서 마시면 가장 저렴하면서 이탈리아 카페 문화에 익숙해 보인다.

질리Gilli(Via Roma 1r, 055 213896)는 1733년부터 손님을 받은 역사적인 카페다. 실내 인테리어엔 절제된 화려함이 돋보인다. 1890년 개업한 주베 로세 Giubbe Rosse(Piazza della Republica 13r, 055 212280)는 빨간 재킷이란 뜻으로, 웨이터들이 입고 있다. 20세기 초 미래주의운동Futurist movement을 하던 예술가들이 모여서 토론하던 곳이다. 당시 찍은 사진들이 벽에 걸려있다. 카페 콘체르토 파스코프스키Cafe Concerto Paskowski(31-31/r, 055 210236)는 무솔리니 등 정치 쪽 사람들이 드나들던 곳이다.

피렌체 빵

단테는 '신곡' 천국편에서 "너는 다른 이들의 빵이 얼마나 짠지/남의 집 계단을 오르내리는 일이/얼마나 힘겨운지 알게 될 것이다"라고 읊었다. 단테가 "다른 이들의 빵이 짜다"고 한 건 문학적 수사가 아니다. 실제 피렌체 빵은 이탈리아 다른 지역 빵보다 싱겁다. 소금을 넣지 않는다. 내륙도시인 피렌체는 소금을 수입해야 했다. 값이 비쌌다. 전쟁까지 벌이던 경쟁 도시국가 피사나 리보르노에서 수입해야 했기 때문에, 이들 도시와 관계가 험악해졌을 때는 소금 공급이 끊겼다. 그러다 보니 피렌체에서는 빵에 아예 소금을 넣지 않게 된 것이다. 단테가 망명생활을 했던 라벤나Ravenna는 바닷가 습지대에 있는 도시로, 염전에서 생산한 소금이 풍부한 도시였다. 단테에게 라벤나 빵이 얼마나 짰을까. 그리고 고향 피렌체의 심심한 빵이 얼마나 그리웠을까.

르네상스 건축물을 보면 마음이 명랑하면서도 차분하게 정돈되는 듯한 기분이 든다. 건물의 높이와 폭, 창틀과 문, 기둥 등이 이상적인 비례감을 가졌기 때문인것 같다. 피렌체에서 이걸 가장 잘 느낄 수 있는 건물이 스트로치 궁이다. 르네상스 양식 건축의 백미로 꼽힌다.

메디치에 버금가는 부를 축적한 스트로치였지만, 그는 피렌체 최고 권력자 로렌초 데 메디치의 심기를 건드리지 않도록 신중하게 건축을 진행했다. 그래서 스트로치는 건물을 짓기 전 실제 지으려던 것보다 작은 규모의 건물 도면을 로렌초에게 보여줬다고 한다. 로렌초는 "당신의 가문 그리고 당신의 피렌체에 어울리는 더 웅장한 건물을 세워야 하지 않겠느냐"고 권했다. 스트로치가 계산하고 기다렸던 반응이었다. 스트로치는 "당신께서 그리 말씀하시니 그렇게 하겠다"고 답했다고 한다. 현재 스트로치 궁은 메디치 궁보다 크다.

건물 2층과 3층이 특별기획전이 열리는 전시장으로 사용되고 있다. 1층에 카페가 있는데, 그때그때 열리는 전시에 따라 카페 이름이 바뀐다. 내가 갔을 때는 브론지노Bronzino 특별전이 열리고 있어서 카페 간판도 '카페 브론지노 Caffe Bronzino' 였다.

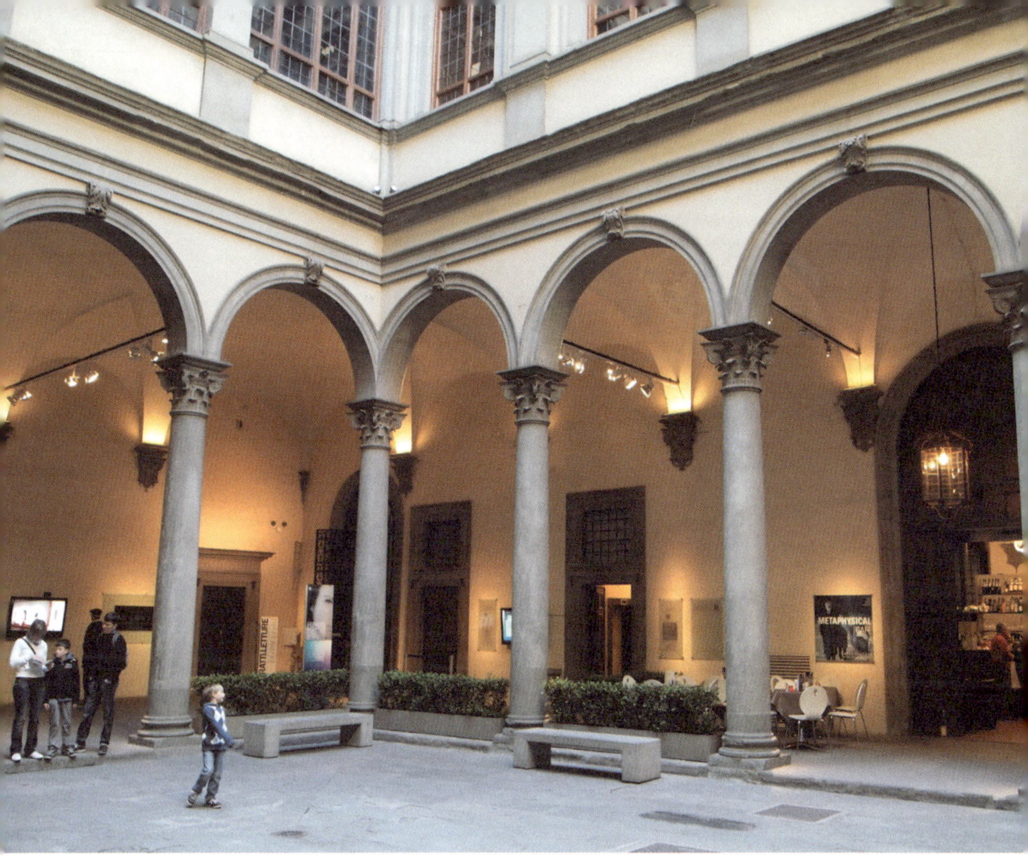
METAPHYSICAL

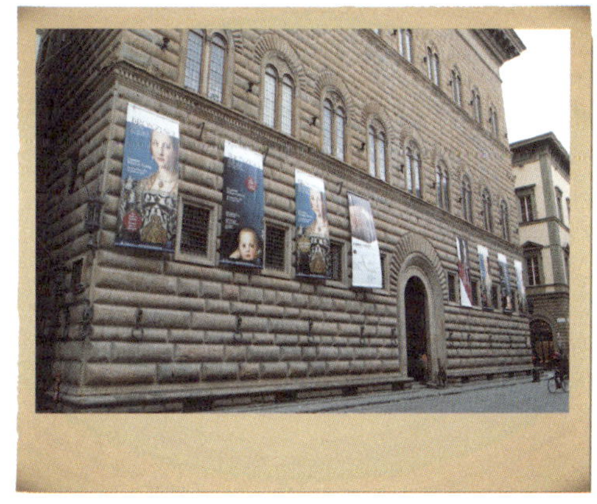

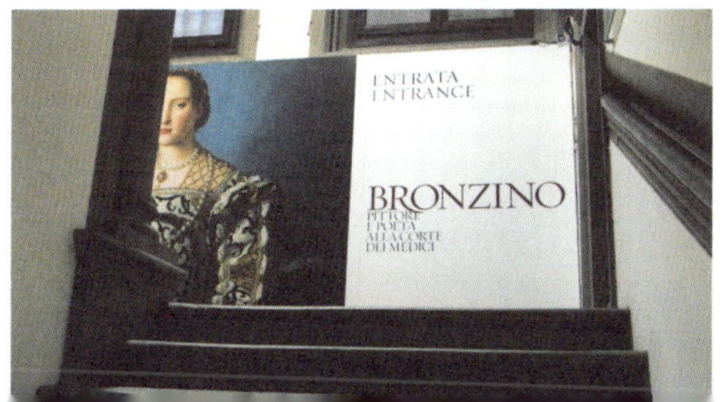

ENTRATA
ENTRANCE
BRONZINO
PITTORE
E POETA
ALLA CORTE
DEI MEDICI

프로카치 Procacci

피렌체 대표 명품 거리인 토르나부오니에 있는 고급 델리. 두오모와 산타 마리아 노벨라 교회를 만드는 데 사용된 것과 같은 초록색 대리석 상판의 테이블에 기대어 오전에는 에스프레소를, 오후에는 와인을 홀짝거리는 피렌체 시민을 볼 수 있다.

이곳에는 오래 숙성시킨 파르미자노 치즈, 프로슈토, 수제 잼 등 최고급 식재료를 모아놨다. 하지만 역시 최고 품질의 송로버섯tartufo을 구할 수 있는 숍으로 명성 높다. 송로버섯 스프레드를 바른 파니니 타르투파티panini tartufati로 가볍지만 고급스러운 점심 식사도 괜찮다.

| Via de' Tornabuoni 64/r, 055 211656

이탈리아와 유럽을 태표하는 플래그십 스토어가 모인 토르나부오니 거리

프로카치 입구 모습

피렌체에서 제일 큰 시장이다. 산처럼 쌓인 치즈, 천장에 주렁주렁 걸린 돼지 뒷다리 햄, 햇볕에 말려 진공포장한 토마토, 비스테카 피오렌티나에 필요한 T자 뼈가 붙은 쇠고기, 소 내장을 파는 가게들로 가득하다. 산 로렌초 교회 뒤에 있어 산 로렌초 시장 Mercato di San Lorenzo이라 부르기도 한다. 싸구려 기념품이나 가죽 가방 따위를 파는 노점상에 둘러싸여 처음에는 잘 보이지 않는다. 철골과 유리로 만들어진 시장 건물이 139년 전인 1874년 만들어졌다는 걸 알고 놀랐다.

피렌체에서 100년은 역사로 쳐주지 않을 듯하다. 일반 피렌체 주민들이 찾는 시장을 보려면 산탐브로지오 Mercato di Sant' Ambrogio가 낫다. 산토 스피리토 시장 Mercato di Santo Spirito도 괜찮다.

트리파 Trippa

No 22

피렌체 사람들은 소 내장 부위를 즐겨 먹는다. 트리파는 양과 벌집위, 천엽을 통칭한다. 트리파에 토마토, 다진 채소와 함께 넣고 푹 끓여서 먹는 전통 스튜가 맛있다. 한국인 관광객들에게 유명한 '곱창 샌드위치'는 곱창이 아니라 트리파를 넣는다. 이 샌드위치를 파는 가게가 중앙시장 안에 몇 있다. 한국사람 입에 딱 맞고 저렴한 데다 푸짐하기까지 하다. 싸구려 레드 와인을 곁들이면 딱 좋다. 시장 안에선 다 네르보네Da Nerbone가 제일 유명하다.

트리파를 주문하는 사람들

람프레도토 Lampredotto

트리파를 먹어봤다면 람프레도토lampredotto 에 도전해본다. 막창이나 홍창이라고 하는 소의 네 번째 위가 람프레도토다. 트리파보다 얇고 연하지만 구린내가 더 심하다. 옛날 아르노 강에서 많이 잡히던 람프레다lampreda 장어와 비슷하다 하여 붙여진 이름으로, 트리파와 마찬가지로 물에 삶아 샌드위치로 먹는다.

피티워모 Pitti Uomo

세계 최고로 평가받는 남성복 전시회. 매년 1월과 6월 피렌체 북쪽 끝에 있는 포르테차 다 바소Fortezza da Basso에서 열린다. 남성지에서 이 행사를 중요하게 소개하는 건, 참가하는 이른바 '패션피플' 더 정확하게는 '패션맨' 들이 남성패션 트렌드를 보여주기 때문이다. 옷 좀 입는다는 세계 각국 멋쟁이 남자들이 모여드는 행사이다.

포르테차 다 바소에서 열리는 데 왜 피티워모라고 불릴까. 역사를 거슬러 이 전시회의 출발을 보면 알 수 있다.

이탈리아 의류 수출업자였던 조반 바티스타Giovan Battista는 1951년 2월 12일 개인적으로 친분이 있는 미국 백화점 바이어들을 피렌체에 있는 빌라 토리자니Villa Torrigiani로 초청해 작은 패션쇼를 열었다. 이탈리아 디자이너로는 마리아 안토넬리Maria Antonelli, 카로사Carosa, 폰타나 자매Fontana Sisters, 에밀리오 푸치Emilio Pucci 등이 참가했다. 미국 백화점 바이어 8명이 참석한 작은 전시회였지만, 패션전문지 W에 1면 기사로 소개되면서 큰 화제가 됐다.

점점 전시회 규모가 커지자 1952년 6월에는 '이탈리안 하이패션쇼'Italian High Fashion Show란 이름으로 피티 궁 살라 비앙카Sala Bianca에서 열렸다. 이 패션쇼가 이탈리아 패션의 탄생이라고 평가된다. 이후 계속 피티 궁에서 열리게 되면서 '피티'라는 이름을 얻게 됐다.

이탈리아 패션이 지금처럼 성장할 수 있었던 건 2차 대전 이후 현대 사회 생활에 적합했기 때문이다. 이탈리아 디자이너들은 캐주얼하면서도 우아한 스포츠 웨어를 잘 만들었는데, 이는 전후戰後 덜 포멀하고 계층에 따라 구분되지 않는 분위기에 적절했다. 특히 세계에서 가장 크고 영향력 있는 시장인 미국 소비자들이 선호하는 옷이었다. 미국 패션지 보그는 1952년 "이탈리아는 아웃도어 웨어, 리조트 웨어 등 미국에 딱 어울리는 의류를 생산하는 능력을 지녔다"고 평가했다.

할리우드도 이탈리아 패션 발전에 기여했다. 1960년대 많은 할리우드 스튜디오는 로마에서 촬영했다. 영화제작비가 훨씬 싼 데다가 어디를 찍어도 '그림'이 됐기 때문이다.

피티와 함께 이탈리아 디자이너들도 성장했지만, 불만도 커졌다. 특히 로마에 기반을 둔 디자이너들

피티워모 이정표

은 "피티가 너무 피렌체 중심으로 돌아간다"고 불평했다. 얼마 지나지 않아 로마 디자이너들은 피티를 떠나 로마에서 따로 패션쇼를 열었다. 이어 미소니 Missoni 등 기성복ready-to-wear 디자이너들은 밀라노에서 따로 기성복 중심 패션쇼를 열기 시작했다. 밀라노 기성복 시장이 커지면서 결국은 피티와 로마 컬렉션을 압도해, 밀라노는 이탈리아 패션을 대표하는 중심지가 됐다.

피티는 이탈리아 패션산업의 주도권을 잃고 작은 패션쇼로 전락하다가 1970년대에 들어 남성복과 액세서리를 중심으로 개편됐다. 그러다가 세계 남성복시장을 주도하는 전시회로 재도약 한다. 그게 현재의 피티워모이다.

피렌체의 남성 셀렉트스토어 Men's Selection Store

셀렉트스토어 또는 셀렉션숍이란 특정 브랜드숍이 아닌, 매장의 개성에 맞는 제품을 직접 구매해 판매하는 숍을 말한다. 한국은 요즘에야 셀렉트숍이 생겨나고 있지만, 이탈리아에는 거의 모든 옷집이 셀렉트샵이다. 나에겐 한국에서보다 쇼핑하기 쉬웠다. 나의 취향에 맞는 가게를 찾아서 그 가게에만 가면 마음에 드는 옷을 구할 수 있었다.

진정한 멋쟁이이자 유명 패션 블로거인 '한국신사' 이헌씨와 두 번에 걸쳐 피렌체 여행을 했다. 해박하고 유쾌한 그를 통해 남성패션 특히 클래식 복장에 눈 뜨게 됐다. 피렌체 대표 남성복 셀렉트숍을 아래 소개한다. 한국신사와 함께 쇼핑하고 '패션 속성 과외' 받으며 배운 내용이다. 그의 홈페이지 www.gustosignore.com에 더 자세하게 소개돼 있다.

272

한국신사는 "트렌디하지 않아서 다른 가게들이 가져다 놓지 않았지만 꼭 필요한 아이템을 구하려면 이곳에 가야 한다"고 알려줬다. '신사'가 차려 입을 때 필요한 모든 복장과 액세서리를 항상 갖추고 있다는 말이다. 피렌체에서 가장 친근한 셀렉트 스토어이다. 편안한 차림의 주인들이 느긋하고 친절하게 손님을 대한다. 거의 모든 이탈리아 매장들이 그렇지만, 시간이 지난 제품은 세일기간이 아니라도 할인해준다. 한국신사처럼 주인 마음에 들거나 흥정을 잘 해도 상당한 할인을 받을 수 있다.

Via del Sole 2, 055 292764, www.principedifirenze.com

  한국신사는 "한마디로 사고 싶은 물건이 많은 매장"이라고 했다. "질 좋은 제품을 신속하게 가져다 놓는다는 느낌이 드는 숍이야. 고풍스런 장식 많이 가져다 놓아 우아하고." 밀로드는 영국 신사에 대해 유럽 다른 나라 사람들이 쓰던 경칭으로, 영국신사란 뜻도 가지고 있다. 갖춰놓은 제품에서 상호와 비슷한 분위기가 느껴진다. 야콥 & 코엔 Jacob & Cohen 청바지를 멋지게 차려 있는 나이 지긋한 할아버지 점원이 한참 어린 손님도 친절하고 따뜻하게 환대한다.

┃ Piazza Strozzi 12-13r, 055 280739

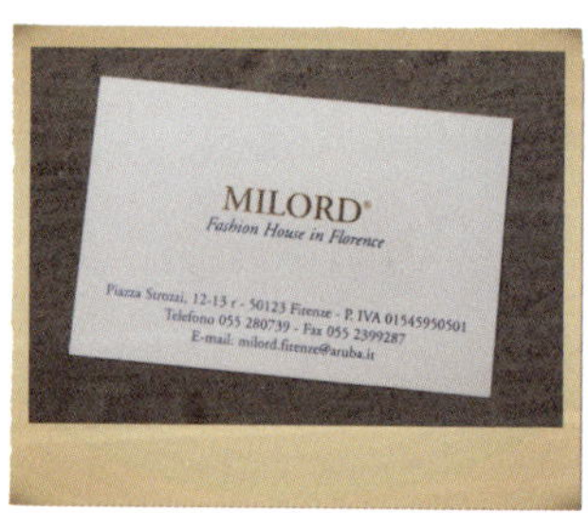

　그 유명했던 '타이 유어 타이' Tie Your Tie가 '프라시' 로 바뀌었다. 오너인 시모네 리기Simone Righi를 매장 간판에 내세웠다. 리기는 클래식 남성복 업계에서 전설적인 트렌드리더 프랑코 미누치Franco Minucci의 사위라고 한다. 미누치만큼 자신만의 패션 철학이 확고한 패셔니스타이다. 서스펜더(멜빵)를 즐겨 착용한다. 프라시가 되기 전 타이 유어 타이였을 때 한국신사와 함께 방문했다. 타이 유어 타이를 직역하면 "네 타이를 매라"지만, 한국신사는 "너만의 스타일을 가져라"로 멋지게 의역했다. "잘 정돈된 매장에서 주인의 세세한 관심을 받으며 옷을 고르고 대화도 나누고 서로의 옷차림도 비평하는 분위기가 멋진 가게야. 옷을 잘 모르거나 구매력이 낮은 고객도 친절하게 안내해줘. 꼼꼼하고 세심하게 꾸며놓은 매장이지." 이름은 바뀌었지만 분위기나 인테리어, 구비한 아이템은 그대로다.

▌Via de' Federighi 7r, 055 211015, www.tieyourtie.jp

에레디 키아리니 Ereddi Chiarini

No 29

"우아함은 드러낼 때 더 이상 우아하지 않다."Elegance is no longer elegance when noticed. 이 가게의 인터넷 홈페이지를 클릭하면 이런 문구가 뜬다. 드러내지 않는 은근한 아름다움을 추구하는 셀렉트 숍이다. 매장의 구성에 공을 많이 들인 티가 난다. 감각 넘치는 디스플레이는 가슴이 벅찰 정도다. 주인장 자신도 클래식한 옷차림이란 무엇인가를 보여준다.

| Via Roma 16, 055 284478, www.eredichiarini.it

"신사에게도 캐주얼한 스포츠웨어가 필요하지. 사냥이나 낚시, 모터사이클링 같은 취미생활에 어울릴만한 미국풍 캐주얼웨어를 다루는 매장이야. 살만한 물건이 바글바글 너무 많아 고민인 매장이야." 매장의 성격과 어울리는 제품은 미국, 일본, 어느 나라 브랜드 제품이건 알차게 소개한다. 명맥만 남아있던 영국과 미국의 브랜드를 이탈리아 감성으로 부활시키는 실력이 좋다.

| www.wpstore.com

"이탈리아의 매력은 도시마다 수트 잘 하는 집이 하나씩 있다는 거야. 리베라노는 피렌체를 대표하는 비스포크 수트 하우스지." 안토니오 리베라노 Antonio Liverno는 열한 살에 동생 루이지Luigi와 함께 고향 타란토를 떠나 피렌체 양복점에서 수련생활을 시작했다. 1960년대 자신들의 이름을 건 양복점을 열었고, 지금은 일본 도쿄와 오사카에도 지점을 가지고 있다. 화려한 나폴리 스타일과 갑옷처럼 견고한 로마 스타일의 중간쯤 된다. 한국신사는 리베라노의 수트를 "단아하고 지적이다"라고 평가한다. 맞춤 수트는 3000유로로부터 시작한다. 리베라노 형제의 감성으로 제작된 기성복과 스카프, 니트퓨도 살 수 있다.

▎Via dei Fossi 43r, 055 2396436, www.liverano.com

미켈란젤로 광장 Piazzale Michelangelo

No 32

피렌체 최고의 전망을 놓고 두오모 꼭대기와 다투는 곳이다. 나는 두오모보다 여기가 더 낫다고 본다. 두오모 꼭대기에서는 정작 두오모는 볼 수 없으니까. 잔잔히 흐르는 아르노 강과 피렌체 시가지, 하늘로 둥그렇게 치솟은 두오모, 도시를 감싸 안은 토스카나의 구릉이 펼쳐지는 모습이 그림처럼 아름답다. 미켈란젤로의 다비드상 청동 복제품이 세워진 언덕 정상에 있는 이 광장에 걸어서 오르거나 버스 12, 13번을 타면 된다.

산티시마 아눈치아타 교회Chiesa di Santissima Annunziata

No 33

들어가서 왼쪽에 걸린 그림이 기적의 힘을 가지고 있다고 해서 많은 사람들이 찾는다. 14세기 한 수도사가 그렸다는데, 천사가 나타나 그림을 마무리했다는 말이 전해진다.

교회 앞 산티시마 아눈치아타 광장Piazza della SS Annunziata은 피렌체에서 가장 조용하고 예쁜 광장이다. 광장 중앙에 있는 페르난도 데 메디치 1세Fernando I de' Medici 기마상이 이른 아침 햇살을 받아 그 그림자를 광장 바닥에 대각선으로 길게 드리운 모습이 오래 기억에 남는다.

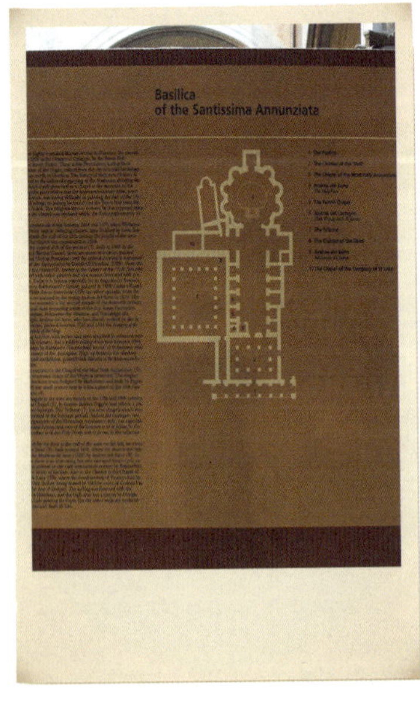

관광객을 피해 아침 일찍 우피치에 갔다. 우피치는 옛 피렌체 말로 사무실office을 뜻한다. 우피치 미술관은 16세기 일반 대중에게 공개된 유럽에서 가장 오래된 공공미술관 중 하나로 메디치 가문이 300년 동안 수집한 미술품을 기반으로 800년 유럽미술의 정수를 소장하고 선보인다.

3전시실에 있는 시모네 마르티니Simone Martini와 리피 멤미Lippi Memmi가 공동 작업한 '수태고지'는 내가 좋아하는 작품이다. 피렌체와 경쟁하던 도시 시에나Siena의 두오모에 있던 제단화이다. 하나님의 아들을 잉태했음을 알려주는 천사 그리고 이 천사의 메시지를 당혹스럽게 수용하는 처녀 마리아를 우아하게 묘사한 마르티니와 멤미의 붓놀림이 능숙하다. 금박을 입힌 바탕에 값비싼 보석을 갈아 만든 안료를 사용해 화려하면서 동시에 성스럽다. 고려 불화와 흡사한 감동을 준다.

8전시실 '우르비노 공작부부'는 피에로 델라 프란체스카Piero della Francesca의 작품이다. 2개의 판이 경첩으로 연결돼 있어서 책처럼 접을 수 있게 돼 있다. 왼쪽 면에는 우르비노Urbino 공작부인 바티스타 스포르차Battista Sforza, 오른쪽에는

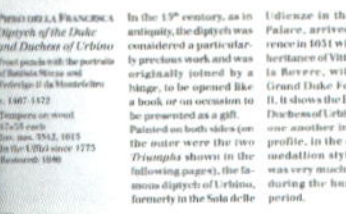

메디치 가문이 300년 동안 수집한 미술품

공작 페데리고 다 몬테펠트로 2세Federigo II da Montefeltro의 옆모습을 서로 마주 보게 그렸다. 페데리고의 코 윗부분이 움푹 꺼져 있는데, 원래 용병대장이었던 페데리고가 전투 중 적에게 코를 맞아 부러졌다고 한다.

10~14전시실은 산드로 보티첼리Sandro Botticelli가 주인이다. 그가 그린 '봄'Primavera와 '비너스의 탄생'이 여기 전시돼 있다. 너무 유명한 작품이라 설명이 필요 없을 것 같다.

15전시실에는 레오나르도 다빈치Leonardo da Vinci의 '수태고지'와 '동방박사의 경배'가 있다. 메디치 가문의 주거지를 베키오 궁에서 피티 궁으로 옮긴 엘레오노라Eleonora di Toledo가 어떻게 생겼는지 궁금하다면 18전시실로 간다. 브론지노Bronzino가 그린 엘레오노라의 초상화가 전시됐다. 아들 조반니Giovanni와 함께 있는 모습이다. 과거 어디든 아내의 최고 덕목은 자식 그것도 아들을 생산하는 것이었다. 엘레오노라가 입고 있는 옷에 금실로 수놓은 석류도 다산의 상징이다. 엘레오노라와 함께 18전시실에 있는 아기천사 그림은 로소 피오렌티노Rosso Fiorentino의 작품이다.

3번 회랑corridor에 있는 포르젤리노Porcellino는 고대 그리스 청동조각을 로마시대 복제한 대리석 조각이다. 뒷다리를 구부리고 엉덩이를 땅에 붙인 채 쉬는 듯한 이 멧돼지를 시내 어디선가 봤을 것이다. 메르카토 누오보Mercato Nuovo 앞에 청동 복제가 있다. 멧돼지의 코를 만지면 행운이 온다고 해서 반질반질 닳아 빛난다.

전시실 25에는 미켈란젤로의 '성 가족'이, 바로 옆방인 전시실 26에는 라파엘로 산치오 Raffaello Sanzio의 '마돈나'가 있다. 전시실28에서는 바로 쳐다보기에 민망할 정도로 관능적인 '우르비노의 비너스'(티치아노)를, 전시실29에선 바로크 화가 파르미자니노Parmigianino의 '긴 목의 마돈나'를 볼 수 있다.

전시실 43 옆에 있는 카페테리아에 꼭 가보기를 권한다. 베키오 궁이 바로 옆에 보이고 시뇨리아 광장이 발 아래 펼쳐져 전망이 좋다.

토스카나는 올리브 오일 생산량이 많지는 않지만, 품질이 뛰어나다. 쌉쌀하고 매운맛과 풋풋한 향이 특징이다. 보통 식용유는 콩(대두)이나 옥수수, 포도 씨 등 씨앗에서 추출하지만, 올리브 오일은 올리브 열매를 눌러 붙여 만든다. 그러니 주스라고 해도 무방한 셈이다. 올리브는 시간이 지날수록 초록에서 검정으로 변한다. 일찍 따서 짠 올리브 오일은 초록빛이 진하고, 나중에 짠 올리브오일은 황금빛이 더 난다. 올리브 오일 특유의 맵싸한 맛과 풋내는 초록빛일 때, 아몬드를 연상케 하는 고소한 감칠맛은 금빛일 때 더 난다. 올리브 수확은 11월 중순부터 12월 말까지 한다. 올리브오일의 색과 풍미는 언제 수확하느냐에 따라 다를 뿐, 품질의 차이를 의미하지는 않는다. 사진은 피렌체를 감싸 안은 아르노 계곡 중턱에 있는 빌라 피티아나Villa Pitiana에서 찍은 주변 올리브밭이다. 빌라 피티아나는 올리브밭에 있는 고급 호텔이다.

288

LA
TO
Olio Extra Vergin
Raccolto
SAN FEL
AGRICOLA

토스카나 사람들은 토스카나 요리를 '쿠치나 포베라' 즉 가난 속에서 태어난 음식이라고 말한다. 메디치나 귀족들이 열었던 엄청나게 화려한 연회 기록이 남아있다. 하지만 그런 사치는 극소수의 즐거움이었고, 과거 어느 나라가 그렇지 않았을까마는 대부분 하루하루 힘들게 연명했다.

토스카나의 쿠치나 포베라를 보여주는 음식은 리볼리타Ribollita와 파파 디 포모도로Pappa di Pomodoro, 판자넬라Panzanella가 대표적이다. 셋 다 딱딱하게 굳은 빵이 주재료다. 리볼리타는 '다시 끓인reboiled' 이라는 뜻이다. 먹고 하루 지난 미네스트로네(야채수프)에 오래된 빵을 부숴 넣고 다시 끓인다. 중세 귀족 연회에선 빵을 납작하게 구워 접시로 썼는데, 하인들이 음식 국물에 젖은 이 '빵 접시'를 가져다 끓인 게 리볼리타라는 설도 있다. 파파 디 포모도로는 리볼리타와 거의 같지만, 큼직한 건더기가 없이 토마토 페이스트처럼 걸쭉한 죽 같은 수프다. 판자넬라는 빵 샐러드이다. 아주 큰 크루통Crouton이 들어간 샐러드라고 생각하면 된다.

천장에는 프로슈토가 주렁주렁 걸렸고, 유리진열대에는 치즈가 가득하며 선반에는 티라미수를 포함한 여러 디저트가 진열돼 있다. 벽에는 마늘꾸러미가 매달린 채 식당 앞쪽을 장식했다. 우리가 생각하는 전형적인 이탈리아 식당이다.

| Via San Onofrio 1r, 055 217134, anticoristorodicambi.it

비스테카 알라 피오렌티나 Bistecca alla Fiorentina

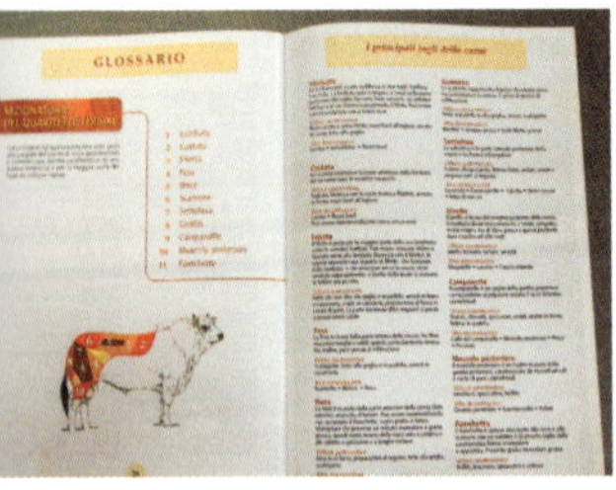

피렌체식 스테이크. T자 모양 뼈를 중심으로 한쪽은 안심, 다른 쪽은 등심이 붙어있는 전형적인 티본 스테이크다. 고기 두께가 5센티미터 이상은 되야 하고, 클수록 맛있다고 한다. 아무리 작게 잘라도 혼자 먹기는 무리. 보통 둘 이상이 나눠 먹는다. 숯불이나 장작불에 거뭇거뭇하게 구워서 소금과 레몬즙을 뿌려 먹는다. "어떻게 굽겠냐"고 절대 묻지 않는다. 그렇게 물으면 "비스테카 피오렌티나는 레어로 먹어야 한다"는 말만 돌아온다. 원조 오리지널 비스테카 피오렌티나는 반드시 토스카나 토종 키아니나Chianina 품종 소에서 나온 고기라야 한다는데, 비싼 데다 구하기도 쉽지 않다. 대부분 식당에서 다른 지역이나 다른 나라의 소고기를 쓴다. 피렌체 전통 음식으로 알려졌지만, 음식사학자들은 "18세기 피렌체를 찾은 영국, 독일 등 북유럽 관광객들이

찾아서 탄생한 음식"이라고 말한다. 사실 이탈리아에는 고기를 불에 직접 구워 먹는 전통이 약하다. 비스테카라는 말도 영어 비프스테이크Beef Steak를 어원으로 본다. 우리가 전통 음식이라고 아는 것 중 외국에서 오거나 그 역사가 그리 길지 않은 경우가 의외로 많다.

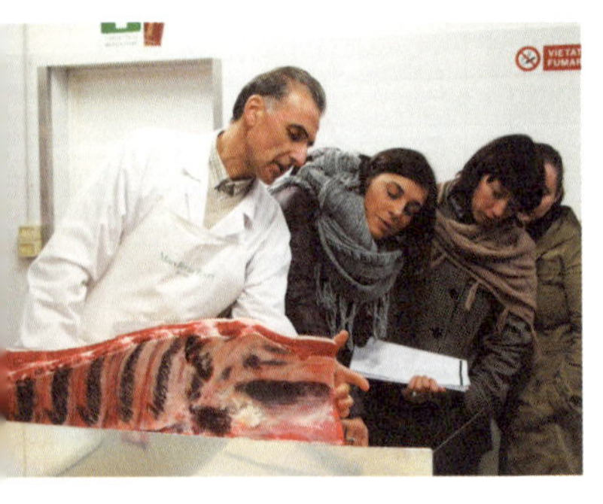

페툰타 Fettunta

№ 39

갓 짜낸 올리브오일을 토스카나 사람들은 이렇게 즐긴다. 빵을 바삭하게 굽는다. 마늘을 반으로 자른 단면을 빵에 문질러 마늘향이 배게 한다. 여기에 올리브오일을 넉넉히 뿌린다. 단순하면서도 풍부한 맛이다.

크로스티니 Crostini

№ 40

작고 바삭한 빵에 치즈나 햄, 소시지, 채소 등을 얹는다. 올리브오일이나 소스만 살짝 발라서 먹기도 한다. 이탈리아식 카나페canape랄 수 있다. 삶아서 곱게 으깬 토끼간(fegato)이 가장 대표적인 크로스티니 토핑이다. 브루스케타 bruschetta라고 부르기도 한다.

비스코티|Biscotti

  에스프레소를 기반으로 한 커피전문점이 일상화되면서 비스코티도 널리 알려졌다. 비스코티란 이탈리아말로 비스킷 즉 쿠키이다. 미국과 한국 등에서 즐겨 먹는 비스코티는 대개 길쭉한 타원형에 아몬드나 피스타치오가 드문드문 박혀있다. 이러한 모양의 비스코티를 칸투치cantucci라고 한다. 그러니까 칸투치는 비스코티의 한 종류이다. 피렌체에서 가까운 프라토Prato가 고향이다. 이 칸투지를 외국에선 흔히 카푸치노에 적셔 먹지만, 토스카나에서는 빈 산토vin santo라고 하는 단 와인에 찍어서 먹는다. 빈 산토는 포도를 수확해 다락에서 말려서 수분을 줄이고 단맛을 강화한 디저트 와인이다. 딱딱한 칸투치를 빈 산토에 찍어 먹으면 새콤달콤하면서 알코올 기운이 입안에 확 돈다. 칸투치는 커피보다는 빈 산토와 훨씬 더 어울린다.

트라토리아 세르지오 고치|Trattoira Sergio Gozzi

  전형적인 피렌체 음식을 하는 식당을 취재하기 위해 찾았을 때, 피렌체 친구들이 소개해준 식당. 고치 가문에서 1915년부터 대를 이어 운영하고 있다. 과거 가톨릭교회는 금요일 육식을 금했고, 유럽에선 금요일 생선을 먹는 전통이

294

생겼다. 이 식당에선 이런 전통을 여전히 지키고 있다. 그렇다고 금요일에 생선만 내는 건 아니다. 과거 특정 요일이나 날에 먹던 음식들은 '오늘의 메뉴'로 소개되고 있다. ▮ Piazza San Lorenzo 8r, 055 281941

정통 피렌체 음식을 선보이는
트라토리아 세르지오 고치

칸티네타 데이 베라짜노 Cantinetta dei Verrazzano

No 43

   와인업체 베라짜노에서 운영하는 빵집 겸 식당. 문을 밀고 들어가면 긴 유리 진열장에 수십 가지 포카치아와 피자, 빵이 들어있다. 원하는 걸 손가락으로 가리키면 원하는 대로 잘라주거나 테이크아웃 포장해준다. 맛있으면서 빠르고 저렴한 피렌체식 패스트푸드다. 진열장 맞은편 오른쪽 벽을 따라 작은 테이블들이 벽에 붙어있으니 여기서 먹어도 된다. 끝으로 들어가면 조금 더 넓은 공간이 있다. 진열장을 지나 왼쪽으로 들어가면 제대로 앉아서 먹을 수 있는 식당이 나온다. 웨이터의 안내를 받아 테이블에 앉아 요리를 주문해 먹으면 된다. 화덕에서 제대로 구운 피자와 로스트치킨 따위가 아주 맛있고 비싸지 않다.

| Via de' Tavolini 18/20, 055 268590

리스토란테 부카 델로라포Ristorante Bucca dell°ØOrafo

No 44

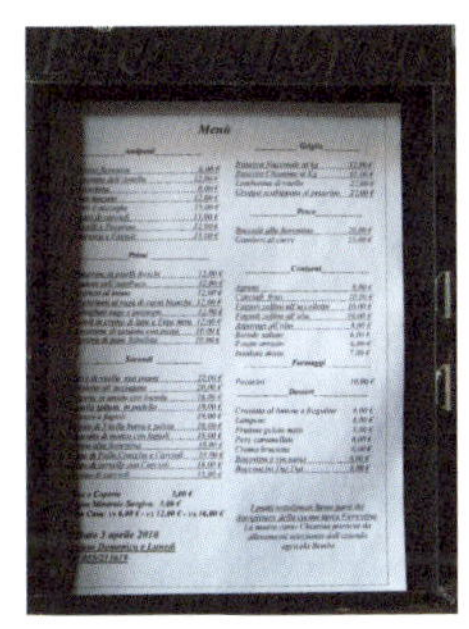

　　베키아 다리 옆 지하도에 있는 식당. 곁에서 보면 구멍bucca 라는 이름처럼 아주 작아 보이지만 들어가면 꽤 넓은 다이닝홀이 펼쳐진다. 단순한 요리법과 양념으로 좋은 재료의 맛을 최대한 살리는 피렌체요리의 특징을 보여준다. 다른 지역에서 생산된 것보다 짠맛이 강한 토스카나 프로슈토 햄을 얹은 멜론 Prosciutto toscano e melone, 짭짤한 안초비와 고소한 버터가 예상치 못한 궁합을 선물하는 부로 에 아추게Burro e acciughe, 포르치니 버섯을 넣은 탈리에리니Taglierini ai Funghi Porcini, 파나코타와 프로슈토로 맛을 낸 파르팔레 Farfalle panna e prosciutto, 송아지고기 로스트Noce di vitello arrosto con patate, 기름에 볶아 세이지로 맛을 낸 닭간Fegatini di pollo alla salvia 등 모든 음식이 맛있다. 키아나나 소고기를 사용한 진짜 비스테카 피오렌티나Bistecca Chianina도 맛볼 수 있다. 단 이탈리아 국내산 소고기를 이용한 스테이크Bistecca Nazionale보다 30% 정도 더 비싸다.

| Via dei Girolami ==, =============

트라토리아 소스탄차 Trattoria Sostanza-Troia

No 45

소스탄자는 '본질' '정수' 또는 '실속'을 뜻하는 이탈리아말인데, 이 식당과 딱 어울린다. 피렌체 요리의 대표적인 메뉴들을 가장 잘 하는 식당으로 손꼽힌다. 가격도 착하다. 피렌체식 토마토소스Sugo나 녹인 버터Burro에 버무린 스파게티 또는 토르텔리(만두처럼 다진 고기 따위로 채운 파스타), 피렌체식 트리파 Tripp alla Fiorentina, 피렌체식 스튜stracotto all fiorentina 등 다 맛있다. 숯불에 구워주는 비스테카 피오렌티나는 굽는 솜씨가 훌륭하다. 최고는 '폴로 알 부로' pollo al burro였다. 작은 소스팬에 버터를 녹이고 닭가슴살을 튀기듯 굽는다. 닭가슴살에 버터가 배어들어 촉촉하고 부드러우면서도 고소하기가 이루 말할 수 없다. 원래 닭가슴살을 좋아하지 않는데, 이걸 먹으려고 세 번이나 왔다. 칸투치cantucci 한 접시에 빈 산토vin santo가 식사를 마무리하는 후식으로 딱이다.

트로이아troia라고 부르기도 한다. '남자 매춘부' '추근대는 남성'이란 뜻이다. 옛 주인(물론 남자였다)이 남자 손님을 더듬는 습관이 있었다고 한다. 오래전 사망했으니 걱정 마시라. 무슨 자랑이라고 식당 명함에까지 넣은 현재 주인의 유머랄까 당당함이 유쾌하다. 이탈리아 다른 많은 식당과 마찬가지로 신용카드를 받지 않는다.

| Via del Porcellana 25r, 055 212691

TRATTORIA Sostanza

젤라테리아 Gelateria

No 46

피렌체 사람들은 다른 모든 위대한 이탈리아 창조물과 마찬가지로 젤라토 역시 피렌체에서 탄생했다고 믿는다. 르네상스 말기 예술가이자 건축가, 시인이었던 베르나르도 본탈렌티Bernardo Buontalenti가 메디치 가문의 프란체스코 1세를 위해 개발한 디저트란 것이다. 이탈리아 다른 지역 사람들은 "왜, 뭔 아니겠어?"라며 웃는다.

진실이 무엇이건 피렌체에는 이 젤라토의 아버지를 기리는 '본탈렌티' 라는 플레이버flavor가 있다. 달걀노른자가 잔뜩 들어가 아주 진하고 고소한데, 말바시아Malvasia 와인 향이 살짝 난다.

이탈리아에서는 아무리 작은 도시를 가도 젤라토 잘하는 집이 하나는 있다. 피렌체에도 젤라테리아가 몇 있다. 비볼리Vivoli(Via Isola delle Stinche 7r, 055 292334, www.vivoli.it)는 카페 이탈리아 옆에 있다. 젤라토의 고향이라는 시칠리아가 고향인 부부가 운영하는 카라베Carabe(Via Ricasoli 60/r, 055 289476)은 커피 그라니타granita가 맛있다. 바디아니Badiani(Viale dei Mille 20/r, 055 578682)는 초콜릿, 견과류 젤라토가 발군이다. 이 젤라테리아들을 돌면서 본탈렌티를 주문해 비교해봐도 재밌겠다.

두오모 뒷골목에 붙은 더 작은 골목에 있는 가게. 햄, 치즈 샌드위치를 토르티야처럼 얇은 빵에 넣은 스카차타Schiachiatta가 맛있다. 트리파나 람프레토토를 넣은 파니니도 있다.

| Via Santa Margherita 4r(Via del Corso), 055 294703

오스테리아 델 칭갈레 비앙코Osteria del Cinghiale Bianco

'흰 멧돼지'이란 이름을 가진 아주 오래된 식당이다. 베키오 다리 옆 아르노 강을 따라 난 룽가르노 Lungarno 거리에 있다. 음식이나 분위기는 괜찮은데 관광객들만 많아서 별로다.

일 비손테 Il Bisonte

피렌체를 대표하는 가죽 브랜드다. 들소Bison라는 이름처럼 터프해 보이지만 디테일을 뜯어보면 정교하다. 무두질하지 않아 허연 가죽으로 만든 가방을 특히 좋아한다. 매고 다닐수

록 손때와 세월이 가방에 묻어나면서 세상에 둘도 없는 나만의 가방으로 변화해간다. 이곳의 시그니처 제품인 마렘마Maremma를 샀다. 큰 직사각형 캔버스 백 양 끝에 가죽 끈이 달려있어서 사탕종이처럼 묶으면 동그랗게 줄어든다. 가장 중앙에 넓은 가죽판과 가죽으로 된 주머니가 넛내저 있디. 크기가 자고 가죽파을 붙이지 않은 캔디백Candy bag도 있다.

| Via di Parione 31−33r, 055 215722, www.ilbisonte.com

오스테리아 벨레 돈네 Osteria Belle Donne

시내 한복판, 프린치페 매장에서 가깝다. 전형적인 토스카나 음식을 한다. 비싸지 않으면서 아늑한 분위기에 음식도 괜찮다. 토스카나 음식에 질린 피렌체 사람들을 위해 약간 다른 지역의 음식도 몇 가지씩 바꿔가며 낸다. '아름다운 여인들'이란 상호를 살려 여성들이 즐겁게 식사하는 사진을 인쇄한 가게명함이 센스 있다.

| Via delle Belle Donne 16/r, 055 2382609

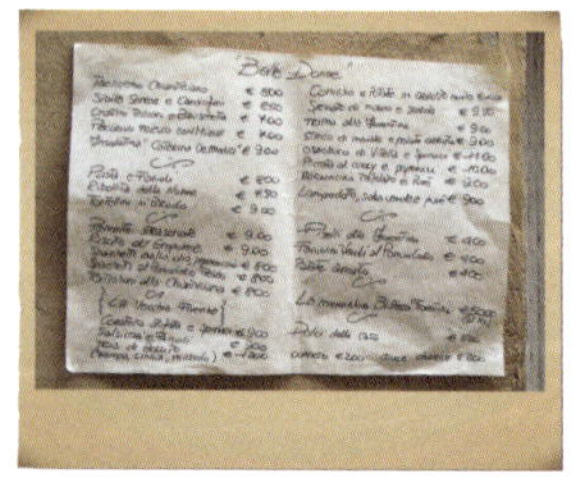